U0506052

不把握 才拥有——沉着冷静之道

Peter Lauster

WEGE ZUR GELASSENHEIT

Souveränität durch innere Unabhängigkeit und Kraft

〔德〕彼得·劳斯特 著　茹秋实 译

上海人民出版社

译者序

七年前深秋的某一天，我偶尔走回刚到德国时住的那条街。世界是这么小，而一座城市却那么大，十七年了，虽然一直在这座城市附近住着，我居然没有回去过。

我住过的那栋楼在街道的尾部，一栋古老的浅紫色配着白色花边的四层小楼。

走进那条老街，我自然而然地放慢了脚步，面对它，心是很沉很沉的感觉，它没有变，对它的百年历史来说，十七年的岁月好似荷叶上滚过的水珠，不留什么痕迹。寂静的街上我只听见自己的脚步声，风景依旧，人迹全无，我仿佛走进了一条时间隧道，正一步一步地踩回到十七年前。已经走到那栋楼下，又面对我的窗户，窗前那棵杉树还在，只是长高了很多，我忘了长发已经剪短，看不见的自己竟又回到二十四岁那年。

走到门口去看看门铃上的姓名，还写着老房东的名字，然情怯如此，终是没敢去按门铃，又慢慢地往回走了。

仍旧顺着这条街向前走，走过来时的路口，还继续往前走，有一位老先生站在街边看书。这街上除了我实在也只有他一个人，我的目光自然而然地被他吸引了过去，才发现街旁立着一个书柜，上面大书——"自由图书馆"。

我走过去跟老先生道个日安，问问他这书是怎么个借法，结果被老先生捉住，结结实实地聊了半个小时，直到他尽兴走了，我才得空来瞧瞧里面的书。总共加起来也有几百本吧，然而挑中的偏偏是它——《不把握　才拥有——沉着冷静之道》和《不要容忍——让别人接受你的艺术》的合印本。

我的人生由此改变。

这绝不是讲技巧的书，现在的人总以为沉着冷静是可以训练出来的，劳斯特先生告诉你："大错特错！"

我用一句大白话来总结：你想沉着冷静吗？放弃吧！

读这本书的时光是纯粹的心灵享受，有如沐浴和风丽日，心灵的尘埃一扫而空。

这是一本可以永远放在床头，睡前读上两页，而一天烦恼尽除的书。

我读过一点儿佛经，开始时觉得他的理论跟我们佛教的思想有许多吻合之处，比如放弃和活在当下，也是佛教的思想，但佛教叫人封闭所有的感官，以取得内心的平静，这一点上劳斯特的思想恰恰相反，他叫人开放所有的感官去感受生活，去感受喜怒哀乐。

他告诉人们，如果是人自然的感受，它不会是错的。也许它违背了你从小学习的道德观，也许它完全不符合如今时髦的世界观，但如果它是你真实的感受，它是不会错的。

在此祝愿本书的中文读者，坚定地走在自己独特的人生道路上，唱着自己的歌，让自己生命的鲜花自由地开放，因为，正如本书中所说："自我发挥是给你周围的人和这个世界的一份礼物，它散发着健康和生命的喜悦，因为你身上所带的这份生活的喜悦也会感染其他人，就像开放的苹果花给观赏者带来的喜悦一样。每个人都能仅仅通过发挥今天的自我而使他人幸福，这也是他存在的意义，这其实是他存在的唯一意义。"

茹秋实

2017 年 5 月 14 日于德国格里斯海姆

因为每一个人道义上的责任感都取决于他个人的价值观，所以我们必须对抗那种瘟疫般的迷信，即所谓只有可计算可测量的实物才算得上是现实世界。有一点必须非常清楚地说明：我们每个人的主观人生历程，跟那些可以用精确的自然科学术语来表达的实物，在现实世界中占有同等重要的地位。

——孔拉德·劳伦兹（Konrad Lorenz）

最初我们想欢快地跨越一个又一个空间，

不愿意限制在一个固定的地方；

救世主也没准备束缚和制约我们，

他要我们迈开大步走向前方；

可是我们自己刚刚在一个地方安定下来，

就松懈得再懒得挪动脚步；

只有勇于站起身来继续旅行的人，

才有可能打破那瘫痪的陈规；

也许还要靠那死亡的时刻，

带给我们新生的空间；

生命对我们的呼唤永远不会停止……

喂！我的心，告别过去吧！祝你健康！

——赫尔曼·赫塞（Hermann Hesse）

目　录

3．自我意识和自我安全感

4．让别人保持本色

5．心灵的自由源于放弃占有

6．在我心理咨询诊所里的对话

7．生命的喜悦——那些闪光的时刻

前　言

　　本书书名《不把握　才拥有——沉着冷静之道》（德文书名中的"道"字，用的是道路的复数；书中括号内短语均属译者注释）是我与出版社共同拟定的。这个书名给人一种感觉：通向沉着冷静的道路不止一条，达到沉着冷静的境界没有一个专利性的解决方案，所以也就很难用一幅画或一张照片来涵盖这一主题。我画了一颗心脏，一只鸟儿从中飞出，我想通过它来表达本书的中心思想，即一个人要将自己从灵魂的深处解放出来，要开放自己的心灵世界，无所禁忌地发挥自己，从适应他人、从各种面具、从痉挛般的拘谨、从各种行为准则、从无名的恐惧中解脱出来。我想通过这幅画呼吁读者，敞开你的胸怀，表达你的感受，因为放松后的解脱感能给人的心灵世界带来无比的幸福和满足。

　　本书总结了我至今为止关于现代人心理疾病的研究工作，其结果表明：放弃和摆脱是唯一的解决方案。对大多数现存的心理问题来说，它们之所以成为心理问题，原因还在于一种"永不放弃"的心态，紧张以至于心理上的痉挛随之而来。我在此想激励我的读者，敞开你的心扉，让风载着你生命的喜悦飞翔。

　　　　　　　　　　　　　　　　　　　彼得·劳斯特

1. 放弃之后是泰然

我们得学习，怎样互相杀死我们的理论，而不是我们自己。

——卡尔·坡爬尔（Karl Popper）

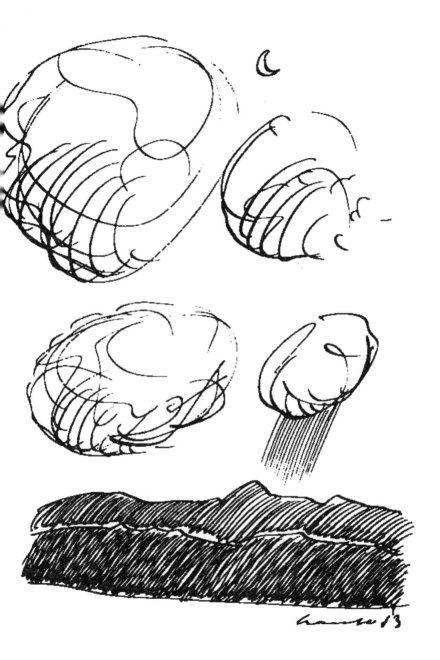

沉着冷静地面对人生，面对人生各种各样的挑战，在商场上，在职场上，在研究领域，在学校里，在家庭中，无论在什么环境里，什么情况下，沉着冷静、泰然自若的处事态度是人们共同的梦想。它好似一种能力，一种大将风度，一种我们在高层管理人员身上，在叱咤风云的政治家身上，在学问渊博的资深学者身上常常可以观察到的气质，我们还发现，如果一个普通人拥有这种气质或者能力，他就为自己打开了一扇通向成功的大门。

目前无数咨询和管理人员培训班，都在试图把人的这种能力用一些固定的方法训练出来。

而实际上，沉着冷静纯粹只是一个健康心灵的表现形式。一个在任何场合下都沉着冷静的人，他已经达到了为人处世的最高层面，这是人生的大智慧，而拥有这种大智慧的人，他不仅自己心理平衡、处事不惊，同时他的气质还能影响其他人，让他周围的人也进入一个平衡而宁静的境界。

所以沉着冷静总是跟强大的心灵世界紧密相连。一个心理强大的人，他不用提醒自己，不用去想什么培训班学来的方法，他遇事自然是镇定自若、从容不迫的。

我常常听到一声重重的叹息："唉！如果我没那么敏感，就能承受那些攻击和批评了，如果我皮厚一点，我就可以从容应对了。"

真的是这样吗？让我来告诉你。沉着冷静跟皮厚一点关系都没有，皮厚的人只是给自己加了一个保护层，皮厚的人常常使用"我根本不接受你传过来的信息"，不听不看不理的方法来保护自己，这不是真正的沉着冷静。为了让自己皮厚一点，也可以通过心理药物或者酒精的消费，许多人都有过这种经验，在服用心理药物或者饮酒以后，果然胆子大了起来，变得不慌不忙，这一类人想通过化学的途径来摆脱恐惧感，达到表面上的心理平衡，他们其实也不过是暂时麻醉了自己而已。

我们还可以观察到相当多的人使用另一种方法，他们想法子说服自己，说他根本不在乎，因为他觉得自己有特别的天赋或者本来就处于上流社会，因为事业成功或者娶了美女，或者嫁了本地事业最成功的男人，等等。这种方法跟化学麻醉并没有实质上的区别，这种人不过是试图在心理上麻醉自己，只是为了表现自己的沉着冷静，是表面的沉着冷静，只要遇到一点点意外的情况就会崩溃。

真实的、我将在这本书里讲述的沉着冷静，完全有别于上述的各类状态，这种沉着冷静不靠任何形式的化学药物，不靠社会地位，不靠财富，也不靠任何技巧。沉着冷静因此是这样的稀有之物，因为它跟整个人生态度有关，而不是在一个短短的心理培训班上学得来的东西。

一个成功而富有的男子到我的心理咨询诊所来抱怨说："这么说吧，今天我所取得的成就本人二十年前想都不敢想，我的公司赢利相当好，我拥有一个人人羡慕、美丽的妻子，我的两个孩子既健康又聪明，我可以说事业家庭两全其美，一般人混到我现在这个样子应该很满意了，可是我整天莫名其妙地心神不宁，而且经常有种不安全感，我甚至可以说是恐惧感，我总是觉得紧张得要命而无法享受我的成就，您有什么法子帮我放松放松？"

这个人通过顽强的意志、不懈的拼搏实干和积极主动的适应市场在各个方面取得成功以后，还想在心灵领域也取得成功——他想感受幸福和安宁，他想永远不慌不忙，他不理解成功为什么没带给他安全感。他到我这儿来，想通过几个小时的咨询，学到心理平衡的方法，这当然是不可能的。沉着冷静不是轻易买得到的商品，正像爱情一样。性生活也许可以买得到，爱情却无法用金钱购买。一种技术可以购买，比如我非常欣赏的自我安神训练术，但是你买不到沉着冷静的心态。一种训练技巧可以使人暂时放松，但它不能真正解放人的灵魂，也就不可能使人在任何情况下保持沉着冷静。沉着冷静不是表面上看起来那么简单，它不可能靠外界任何媒介的帮助，而只能在一个人自己灵魂的深处，在你不做任何强求的时候显现出来。它不是靠美好的愿望或坚强的意志变出来的戏法，它只有在人最放松的时候出现。它，不是一种能力。

如果一个人达到了一定的心灵和精神境界，沉着冷静自然会出现。它是不可求的，因为，恰恰是你不去想它的时候，在你不经意地做一件事的时候，在你全神贯注地关注某样东西的时候，它突然就出现了。当你发现了它，试图牢牢握住它的时候，它便消失了——飞了，蒸发了。

对许多读者来说，我要写这么一个既不可捉摸又触摸不到的沉着冷静肯定是不可思议的事。那么沉着冷静可不可以从一本书中学到呢？回答是肯定的，但是没有一个沉着冷静的技术指南，没有一本只要你一步步跟着它做，就会达到心态平衡的行为手册。一只停在花丛中美丽的蝴蝶，你想接近它，你离它越近，只要它一发现你，它就飞了，你越想捉住它，它越飞得远。沉着冷静正是这么一种东西，它的出现正在于放弃追求、放弃拥有。

现在也许你说你明白了，仅仅通过逻辑思维理解的东西其实还差得远呢。我们得明白一个简朴的事实，你不光需要理解，你的心、你的感觉也要加入进来，还有你的各种感官，你整个的身体，你灵魂的核心，当你用全身心去感受时，会产生超出理解的东西——认知。

认知可以如闪电般顷刻间照亮你的灵魂，它也可以慢慢建立起来，一小块石头一小块石头地垒起来——一个美妙的成长过程，一个个性成熟的过程，一个认识自我的过程。这里我只是想给这个过程一个推动力，帮助它更好更快地进行。我的文字好比肥料，你把它加入你生命的土壤中，它将帮助你——这个独一无二的人，发现你自己，成就你自己。

这里的土壤是你的灵魂和精神世界。这个过程要求一个非常开放而好学的心态，否则你的思想不会结出果实来，在这一点上我当然没有影响力。我从每天收到的无数读者来信中获知，有许多人愿意用心倾听，愿意让自己的心灵成长，这让我很欣慰，同时使我的写作更轻松愉快。

坚持易于放弃

　　人们总以为相对于坚持而言，一般人都更愿意放弃，因为放弃更轻松一些，不需要消耗能量。谁要坚持，得紧张，得花费力气，得消耗能量。所以人们相信，一般人会选择那条阻力小的路走，更愿意放弃。而实际上，我们在任何领域里都随处可见那些咬定青山不放松的人，他们勤奋努力，一生处在紧张状态中。一个可以放弃的人，是不多见的。我们想来考察一番，这到底是为什么？为什么人们要这么紧张？为什么他们不能放开来？为什么不能让事情自然地发生和发展？为什么他们要这么努力这么费劲？为什么放松下来、自由自在地享受人生对他们来说是这么大的一个问题？

　　为了理解这一切，人们需要一点儿心理学的知识。儿童最初成长时，他们的心灵是很纯洁而开放的，是后天的教育把自由的河流归入了固定的渠道。小孩子开始受到成年人的恐吓！成年人用奖励和惩罚来训练孩子，要他们顺从听话。作为小孩，为了避免父母师长的惩罚或者为了避免失去他们的爱，他总尽力满足长辈的要求。这样的结果，正像西格蒙德·弗洛伊德非常切中要害地指出的，一个"超我"建立了起来，这个"超我"，是超越原始自我的、社会普遍接受的，且被绝大多数人遵守的行为准则、道德规范，以及对职业、婚姻、形象、社交，甚至对表现能力的种种要求，一个人的成长过程，正是不断试图满足这无数规范和要求的过程。

一个年轻人，他不能自由地发展，他就没有可能去发现自我，去发现什么是适合他的，因为他时时受到威吓，要他循规蹈矩，要他上进，要他努力去实现长辈的理想。就他的天性而言，他也想在没有限制、没有外来和内在的压力下生活。但他努力坚持，为了满足教育者的要求，他听话，他任凭别人吓唬他，他试图在适应规范中找到保护和安全感。人的心灵是很敏感的，它并不能长久承受受到威吓或失去爱的恐惧。坚持下去给人安全和安宁的感觉，放松和放弃却带来吓人的不安全感。

这么看来坚守这个"超我"有明显的好处，谁要能适应那些行为规范，他就能避免批评、贬低和争执，这最终还是一条更舒服、虽然是更费劲的路。他还是通过适应、顺从、避免恐惧，选择了一条更舒服的路，虽然走这条路要消耗更多的能量和力气。

自由自在的生活给我们的灵魂带来幸福感和满足感，但同时我们会陷入另一个困境，恐惧感、不安全感、失去爱、孤独感、被遗弃、被惩罚以及所谓的一事无成会包围我们。正由于这个原因，人们接受了坚守"超我"的艰难。

现在我们进一步来看，适应规范的好处却有很大的负面效应。如果一个人的灵魂不断地受到压迫的话，这个负面效应早晚会随着时间慢慢显现出来。坚守"超我"导致：事业心、攀比竞争心态、占有欲、争取认可的心态、攻击性、恐惧感、不安全感、嫉妒心、强迫性消费、传播流言蜚语、虐待狂、对未来的不确定感、各种各样的瘾、心神不宁、做事匆忙、神经紧张错乱，简而言之，现代社会中普通人每日重复着的行为和状态。人们被深深地编织到这个结构中，把这一切看作是最正常的心理状态，同时又渴望着摆脱这一切，因为人们忽然明白，那许多适应规范的好处还是不能抵消它带来的负面效应。

走出这困境的路其实是这么简单，我们只不过需要把这所有的一切，一切我们坚守的、适应的东西，扔到九霄云外去。这里却开启了一个未知的世界，我们不知道，结果我们到底能不能承受，不知道得到的是玉石还是瓦砾，不知道是不是拿金子换来破铜烂铁。摆脱灵魂折磨的渴望是那么深切，可是对摆脱这一切之后换来的不安全感的恐惧往往更为强烈。

一个年轻的图形设计师想要我告诉他应该不应该独立开业。他说："如果我保持现在的工作，一切都很有保障，但我觉得不自由，觉得浑身不对劲儿，如果我独立开业，我可以自己决定我的工作，这肯定是很适意的状态。但是我害怕我不能面对那种不安全感，我害怕真正的自由，虽然我只有在自由中才能找到我自己，才能成为一个好图形设计师。"

绝大多数人对自由都有同样的恐惧感。他们更愿意依附于家庭，依附于一个宗教、一个工作单位、一个政治思想、一个人生观、一个教育思想；他们更愿意说"是"，跟着别人走，老老实实地把自己划归到一定的格局里。这一切看起来很简单，但需要人付出巨大的努力，坚持这一切是非常消耗能量的，这也就不奇怪为什么人们常常感到不堪重负。许多人每天都置身于紧张状态之中，简直就是自己对自己施暴，强迫自己去适应那些社会上与日俱增的要求和规范。他们被坚守规范和压抑自我弄得精疲力竭，而恐惧感竟然越来越大。

当然，这里许多读者也感觉到了这种恐惧，我们需要大勇气来面对事实，来研究考察事物的真实面目。西格蒙德·弗洛伊德说："人不是自己房子的主人。"因为恐惧，人们避免思考自己的真实状况，在这最初始的一步他就开始给自己制造阻力，玩着自骗自的游戏，想出无数的理由和办法来维护自己的尊严，这些由西格蒙德·弗洛伊德提出，进而由他女儿安娜·弗洛伊德完善的心理防卫机制，我已经在以前的书中详细讲述过了，这里不再重述。

现在读者需要大勇气，来继续把这本书读下去，来倾听我的话语，来认真思考和研究放松和放弃的可能性。也许它能点燃你思想的火花，带你进入一个放松之后的奇妙境界，然后呢？

轻松的心理状态来自于放弃

许多心理问题是紧张带来的问题。谁过多地置身于张力之下，不可能解放自己，他的思想和言行都受到阻碍和抑制。轻松是一种放松而轻盈的心理状态，一种失重的感觉。一颗健康的心灵轻快地穿越世界，没有恐惧、没有仇恨，没有沉重往事的困扰，也不为未来的理想而牵绊，这是一个美妙的状态，轻盈而清新。轻松的状态是我们渴望的状态，没有了心理压力，没有了恐惧感。

一个非常拘谨的人向我讨教，问我怎样才能让自己的内心放松一点。他自己开着一家广告公司，事业上很成功。他说："纯粹从外表上看我还蛮不错，我算事业有成。我跟一个能干女人结了婚，除此之外我还有一个情人已经跟了我好几年了，她也对我特好，总梦想着跟我结婚。我太太很尊重我，我的情人在床上宠我。尽管如此，我老是紧张得很。我说，我这身上肯定哪里不对。我时常产生恐惧感，虽然具体分析起来我不需要害怕什么。碰到什么一个大响声我就吓得缩成一团，这让我明白自己平白无故就有多紧张。一个人事业上这么成功应该放松才对，我应该终于可以松口气，享受享受生活。我这个人肯定有哪里不对，但我不知道是什么。别人都羡慕我，觉得我了不起，没人知道我这难受劲儿。"

总是同样一个问题：一个人追求成功，追求金钱、权力、外在的独立性、有序的人际关系，追求伴侣、婚姻和性生活，当他这一切都得到以后，他发觉，他只是外表赢得了些什么东西，这一切并不能给他的心灵带来满足和舒适感。我回答这个企业家说："你自己给自己加压力，自己约束自己，你总想达到什么，很有事业心，你给自己定下目标，把自己放在实现目标的压力之下，你是一个有上进心的人，不断地追求事业的成功，你给自己定的目标越来越高，你的事业心也越来越大，你顽强拼搏并且赢得了胜利。不过这个胜利并不意味着是让人满意的最终的胜利，你还要继续奋斗，你的事业心不让你安宁，你被你自己的事业心没日没夜地鞭笞驱赶，你被你自己的锁链锁住了，你是你自己的奴隶。你比那真正的奴隶还要糟糕，因为他们知道他们实际上不想当奴隶，你连这都不知道，这要危险得多。你是你自己的奴隶主，你自己压迫自己。外面的敌人好对付，对付你自己可就难多了。你浑身紧张，因为在你的身体内部两个极端并存，一个是你原始的自己，另一个是那个奴隶主，他不断对你说，他不是你的敌人，他是你最美好的愿望。"

一个人如此地处于张力之下，怎么可能放松呢？如果人的内心都不统一，如果身体和思想和灵魂想要的东西不一样？每个人本能地知道自己的真实感受，他知道他是不是他自己。谁给自己定下又高又大的目标，然后跟在这目标后面不知疲倦地追求，如果这个目标不是他原始的本能想要的东西，他会使自己处在一个巨大的张力之下，这个张力的两极，一头是现实存在的他，另一头是他的欲望。为这么一个目标而费尽心力，这实在是令人沮丧和悲哀的，拘谨和恐惧由此而来真是一点也不奇怪。这时候你再怎么想放松都没有可能了，不能通过酒精，也不可能通过化学心理药物。

放松意味着解放自己。我对他说："你得首先从你的欲望和追求中解放出来，你想放松首先要放弃，扔掉你的事业心，你立刻会感受到自由、幸福和活力。解放你自己，这是所有问题真正的解决方案。这不是软弱无能的表现，不要认为自己是懦夫，放弃拼搏，这是唯一的出路。那些可以嘲笑自己的拼搏者，那些放弃了拼搏的人，他可以游戏般地使用他的才能和力气，他发觉自己竟然喜欢奋斗、喜欢拼搏，不过目前你还差得远呢。首先放弃你咬得死死的东西，让你内在的活力吹动你生命的帆船，而不要把它变成毒药来毒害你自己和其他人。"

安全保障——值得去追求吗?

一个学企业经济管理的大学生来找我,他想知道怎么样才能消除考试恐惧感而考出好成绩来。虽然他学习很认真,花了大量时间复习准备考试,可还是觉得一点儿底都没有。会考什么问题呢?他想,如果考税收的问题,那还好,这个他复习过了,不会出什么大问题,如果考什么他没复习到的问题呢?那不完了?

我们不想没有准备地进入一个未知世界。我们寻找安全保障、安全保障、安全保障——我们是安全保障狂。所有的一切我们都想事先计划好,我们估计事物发展的趋势,我们想控制一切未知的领域,最大程度地减少意外的发生。可是这一切不过给我们一个表面的安全保障。我可以计划我的人生,事先想法保障我的生活,给我自己买所有的保险，然后呢？我爱上了一个女人，她要跟我移民新西兰，我怎么办？

我找一份"铁饭碗"的工作，去做公务员，完全按照天主教的教义去生活，计划未来，每个月存两百马克给我未来的孩子，虽然我连对象都还没有。然后突然一片瓦从正在维修的屋顶上掉下来，砸断了我的脊椎骨，我从此半身不遂。生命中没有绝对的安全保障，安全保障是不可计划的，所以人不要去做安全保障这个暴君的顺民。

我们的生活不是计算题。一个死死咬住安全保障的人，他跟着安全保障进入一个误区。生命的活力恰恰在于不可计划性，恰恰在于不安全性，越有活力的东西，越不安全。只有死亡是安全的，死亡，待在那儿再也不动了，这个就绝对安全了。追求安全保障，等于是为死亡加冕，充满活力的生活恰恰是确定性和计划性的对立面。

我爱上了一个女人，计划跟她结婚并永远爱她。我觉得自己蛮聪明，因为我追求一个爱情和幸福的保障。有些人是这样死死咬住他的计划，结果居然因为嫉妒把他的爱人和她的情人一起杀了，他因为追求安全保障而一下子毁掉了三个人。

生活不可能完全事先计划，它是我们跟不可预知性玩的最美妙的游戏。如果我们把计划和安全保障丢开，让生命自由地发挥，那么会发生不安全的、不可预知的、振奋人心的，有一点可以确定，那就是绝对不枯燥无聊的事。如果我坐在一个老实听话、努力追求安全保障、追求完美主义的人身边，这个人是如此的枯燥无味，我甚至会感到难受，得站起来才行。我从他的社交圈里出来，深深地吸口气，这不安全的空气是如此的沁人心脾。他的安全保障限制他、压制他，他的外表形象、他的思想、他精神世界的花朵是塑料制的，他的一切看起来就像塑料花一般的假。如果人们表达他们的思想，我马上看得出，这些思想是新鲜的玫瑰还是橡皮花。

　　有一次我爱上了一个女人的身体，爱上了她的外表。在我们交谈的时候，她说着一些事先预备好的句子，她的思想被深深地刻上社会的、道德的规范，没有一点思想是她自己的，她只不过咿呀学着别人说过的话。我换了一种眼光看着她的身体，它突然变得冷冷的没有了活力，我所有的感觉都消失了。她自己不让生命的活力在她身上滋长，在她的脑子里只有那些僵化的死东西。她寻觅着安全保障，生命在那里没有位子，在安全保障里找不到生命的活力。那个美丽的躯体虽然依旧美丽，可我对它的爱慕却彻底消失了，它就像一朵美丽的塑料花，可以装点，但无趣味。

让心灵长上自由的翅膀

跳动的心脏是生命以及一切感受的中心。人们说，关心、爱心、痴心、热心、开心、伤心等，敞开心扉是我们灵魂历程中非常重要的一步，一颗开放的心灵能让所有人感到亲切温暖，而一颗紧缩的心马上会使自己产生恐惧和忧郁。

如果我们的生活满足一定的先决条件，我们不会得心律不齐和心肌梗塞。不是器官上的问题影响我们的灵魂，而是反过来，我们精神和灵魂的状态决定心脏是否健康。如果你有一个开放的心灵世界，你顺应自己生命的活力，所有的血管都会舒张，你的心脏会跳动得更健康有力。

关于心脏病和心梗脑梗的危险，医学研究一再指出心理压力是一个重要影响因素。什么事情让人神经紧张，当然因人而异，对这个人来说是时间压力，对另一个人来说也许是别人对他工作能力的嘲讽，又一个人不知道别人怎么看他，怕得不到承认，怕被排挤。每个人对各种情况都有自己的看法，一个同样的情况，这个人被触到痛处，那个人觉得可笑，第三个人根本无所谓。不管每个具体的人对什么事有什么反应，决定性的是心理压力导致心血管收缩。所以预防心肌梗塞的最好办法是敞开心扉，敞开你的情感世界，感受你的心理压力，记录它，但又能跟它保持距离，承认那些恼人的事儿，却不因此关闭你的心扉，不失去开放的性格，理解一切，接受一切，不限制自己，不拒绝任何人和事。

心态健康的人能主动地跟他周围的人交往，正面看待他周围发生的事。他不容易受负面成见的影响，他是个无成见的人，他不把人归为"好"、"坏"两类，他不用小小的标尺来衡量人，他随事物来去，静静地观察它、接受它，不作任何评价，因此他没有犯错误的恐惧感。

他有好奇心，对别人的见解和经历感兴趣，但他既不批评也不赞赏，他有兴趣，但他同时知道保持距离。他完全潜入生活的海洋里，让生活来触动和抚摸他，不过这所有的一切不能阻止他停下脚步。污垢不能污染他，他保持自己的洁净；美丽不能使他嫉妒，因为他没有贪欲。他保持着自己的本色，开放而随和，他只是一条生命能量流动的通道，他呼吸着生命，他吸进每日的经历，又呼出去，他不会停止呼吸，吸进再呼出，在鲜活的节奏下，没有什么人和事可以囚禁他，他保持着自己的纯洁和无辜，因为对他来说没有什么事情是"对的"或"错的"。他的内心世界平静而不起涟漪，没有人或事能够搅动他内心的宁静。事情发生了，他让它发生，他是内心开放的人，他不跟谁作斗争，他不站到某个立场上，也不做风中的一面小旗。他只是站稳自己的脚跟，不受人和事的影响，他是完全独立而特别的一个人。为什么要作斗争？为什么一定要贬低或褒奖？他让事情发生，是个观察者，吸进再呼出——这就是沉着冷静。

心胸开阔、亲切坦诚是这种人的典型标志，发自内心的沉着冷静是一个美妙的心灵境界。谁找到了它，绝对不会得心肌梗塞，因为不可能，他的血管舒张，他的心脏可以没有阻力地跳动，它没有负担，没有干扰。有时它会跳得快些，有时少跳一下，这都是自然的生命节奏，它不可能像一台机器那样永远按同一个节奏跳动。心跳的节奏在变化，但开阔的心胸不会变，开放的心灵世界不会变。心胸开阔是开放个性的典型标志，一个心胸开阔的人不会得胃溃疡，他也不会欺凌自己的配偶或者压制工作上的同事。

他虽然不管事物的"对"和"错"，但实际上他不会犯错误，即使他真的做了什么错事，这也不是犯错，因为这不是假的，因为他活在自己真实的生活里，他用自己的尺度来衡量自己的行为。一个错误、一次失误、一次失败，他观察它、记录它、接受它，毫不费力地保持着内心的宁静、开朗和泰然。

造就一个自由的精神世界

　　心胸开阔、坦诚可亲的人让我们喜爱，这样的人自己舒服，也使他周围的人舒服。你想处于这种状态吗？那么请只把你掌握的学问当作工具来用。谁把智力和逻辑当作神来崇拜，当然不可能解放自己的精神世界，因为他们不能停止思考。我们要区分这一点，不是思考本身是糟糕的事，而是脑子不停地转在智力和逻辑编织的牢笼里。

　　一个大学讲师来向我咨询。他说："作为自然科学家我很为逻辑学的进步和成就而骄傲。我的智商一百三十五，这个值对我的研究生涯已经足够高了，我的研究工作正处于一个很有意义的科学发现的初始阶段，我实在是可以很满意了。此外，我还有一个女朋友，她对我又关心又体贴，我都准备半年后跟她结婚了，虽然我觉得，其实我并不真的爱她，对她我产生不起浪漫的感觉来，这个问题大概出在我自己，我整天脱不开科学思维的框框，对任何事我都得分析一番，我总在寻找什么规律啊、依赖性啊或者什么相关性的。我的精神世界主导我的生活，我没法解脱自己，它将我禁锢住了。我应该有所改变吗？从心理学的角度来看，我是不是有点问题？"

仅仅从问题的本身就看出这里肯定有问题。如果一个人的精神世界，也就是说，智力、逻辑性思维、科学分析，在人的生活中占有这么重要的位置，他生命的完整性就被干扰了。一个人不仅仅有智力和学识，最简单地说，他还有肉体和灵魂，也就是说，他还有躯体和情感层面上的感受。肉体和灵魂是生命活力的基础，智力和学识，也就是我们说的精神世界的东西，只是工具。第一我们的肉体要得到它需要的东西，它得吸收养分，得睡觉，得运动，得呼吸，然后直接是我们的灵魂，我们的感受——感觉、爱、被吸引或者被排斥。

在这个基础上，智力才有了意义，它客观地、科学地、逻辑地运作。可只有灵魂才能感受幸福，只有灵魂可以瞬间快乐起来，它甚至忘掉肉体，连肉体都会在那一瞬间不存在了，这个时候那个工具"逻辑思维"自然也就被扔在一边。

我回答那个科学家："我告诉你几个心理学的真相，你不能用你通常用的标尺来衡量，请忘掉几分钟那些使你骄傲的逻辑。如果我们想从自然科学的角度来分析你的问题，那么我们尽可以几天几个月地讨论，一直讨论到头发都白掉也不会有结果。没有你那些严格的科学标尺，你可以马上明白到底是为什么。你可以，只要你愿意，全面地领会、认知、明白这一切。"

"你说的这些有科学证据吗？还是你凭空想出来的？"他问这话时脸上露出夸张的笑容。"这笑容比你的问题告诉我更多的信息。"我说，"你的问题听起来很客观，可是这笑容在说：'如果这不是你瞎想出来的，如果你拿得出科学证据来，我倒要奇怪了。'如果你自己搬上怀疑的大石头挡住自己的去路的话，你没有机会接受我的思想。我要回答你的是，这里没有用经验科学方法证明得出来的东西，不过却值得听一听。即使没有科学证据，也不是就肯定是无稽之谈。毕加索是一个伟大的艺术家，虽然这不能用自然科学的方法来证明。

"把你精神世界里的标尺、规律、极限值、期望值统统打扫出去，简简单单地听我说。你所受的教育使你失去了不带成见地、开放地、完整地认识事物的能力，你的问题就出在这儿。只要你把你的智力学问当作大师来崇拜，你就是一个可怜没用的工匠，你的工具控制你，而不是你控制工具。真正的大师只有在他需要时使用他的工具，如果情况改变了，他还会相应地改变工具。

"何况我们这里谈的是你的生活，而不是某一个无足轻重的工具零件。这是你的人生、这是你本人，你让那个工具'思维'统治着你的人格和个性。这个被统治的人在你鼻尖上跳舞，你拿他一点办法都没有。我没法证明这一切，但如果你不用逻辑思维，而是从另一个角度去观察，你会看到这个真相，会豁然开朗。一幅美丽的画就在你眼前，可你看不见它，因为你的眼睛被你自己的皮屑蒙住了，如果这些皮屑掉下来，你会看到真相。如果一个人发怒，你不需要科学证明，如果他忧伤，那么你瞬间自然地感受他的情绪。除了你超值评价的逻辑思维，直觉也是一个同等重要的认知因素。在直觉层面上是不需要科学证明的。不是一定要分析、分解，它的反面——合成、组合，也是一条通向认知的路。

"如果你跟你自己的学问和智力保持距离，将这些东西马上抛开，你会重获自由，你整个的人会回到平衡的状态。立即将所有的教条扫出你的精神世界，去领会一个整体的你。你被你精神世界的秩序限制、约束，如果你看清这一点，你会马上结束这一切。当你的整体性成为大师的时候，生命的活力可以流进你的身体，然后马上又流出来。你只是一条生命能量的通道，让活力流过你，自由而开放，智力这个工具就不再扮演独裁者的角色。只要你看明白了这一切，你会大笑，发自内心地大笑，而不是窃笑。"

你看见的世界只是镜子里的你自己

忧郁的人觉得世界是灰色中的灰色，恐惧的人到处都看到危险，如果他晚上到树林去，那些昏暗的灌木和阴影都变成吓人的人影或怪物。人不会客观地看世界，他总把他主观世界里的看法、期盼、恐惧、愿望、幻想反映到外面的世界中。不管人怎么看它，外面的世界是怎样还是怎样，它不受我们眼睛的影响。物理学试图用一定的光学系统摄取和固定一张图像，这事毋庸争论。我们这里感兴趣的不是物理学的图像，而是每个人的主观图像：疯子眼中的疯狂世界，或者老实听话人眼中百般无聊的乏味世界。

热恋中的人觉得到处都碰到对他友好的、能理解他的、充满希望的人，因为他处在人生的最佳状态。1945年从奥斯威辛集中营出来的人因为他们的经历没法再正面地看这个世界，他们看到满世界的邪恶、潜在的危险和告密者。我想说，我们看到一个什么样的世界，我们怎样看我们自己，完全源于我们自己的内心世界。观察者不会中性地看一样东西，他把情绪搅和在他的视力里。同样一棵树，乐观的人看到它郁郁葱葱的树冠和欣欣向荣的生命力，悲观的人想到接下来的秋天，想到酸雨，想到这棵树的死亡。一个肯定生命的人能满怀热忱地去感受爱，他们可以毫不费力地将爱带给别人；一个否定生命的人没有爱的能力，因为他们在任何生活伴侣身上都看到剥削、阴谋、吸血、致病的或者致死的东西。

内心世界被人不由自主地反映到外面，将外面的世界染成内心的颜色，所以我们说，外面的世界是内心世界的一面镜子。给人启迪的智者看到那么多启迪他的人；罪犯看他周围的人都是骗子；谁自己有谋杀企图，看其他人都是潜在的杀人犯；秘密准备离婚的人怀疑他的配偶也在偷偷做着准备；那个患智慧综合征的人碰到任何人都只想着怎么证明他的智慧，同时又担心着他的言行不够显示他的智慧；性饥渴的人到处看到性的标志；艺术家随处看到美和艺术品；幽默大师到处看到奇怪可笑的东西；寻找上帝的人在每一棵植物、每一片云朵里看到上帝的影子。

你看到的其实是你自己。你事业心强，看到满世界事业心强的人；你好斗，看谁都是好斗的公鸡，而且这公鸡还偏偏要跟你争个你死我活，说什么话都是在挑战你；如果你是作家，语言对你就好比颜色对画家，你对它有特殊的感受力；同一朵玫瑰对不同的人是不同的花，这朵玫瑰，只有在你没有成见、没有立场、没有看法、不带希望、不做评价、没有理想化，也没有道德化地面对它时，才有可能完整地认知它。

一个职员，五十岁，已婚，有两个孩子，到我的心理诊所来述诉："我的家庭医生叫我来找您，因为我患抑郁症。我完全无法高兴起来，每天只是被动地过日子，同时深深地感到莫名的忧伤和沮丧。"我说："你自己的生活哲学是这样，你整天只看见灰色中的灰色，你伤感郁闷，因为你丧失了生活的勇气，你情绪低落，这跟你的耻辱感有关。这抑郁症会消失，你会重新恢复健康，只要你干脆率性地对待你周围的人和事，而那些所谓的'侮辱和欺凌'将对你不再起作用，也就是说，你将自己从你的生活态度和人生哲学中解放出来。这不是一个漫长的过程，如果你准备好追随我的人生哲学，今天你就可以换一种眼光看世界。我告诉你，生活是很美妙的，它是一个让人满意的过程，因为每一级成长和成熟的阶梯都是完整的，没有什么该受到批评。心态不健康的人，也就是那些事业心强的人，那些把自己关在道德牢笼里的人，他们总在批评，在他们的眼睛里没有什么事是对的，因为他们是道德的卫士，他们必须不断地监控和检查，他们压制、挫伤人的勇气，让人情绪低落而沮丧——在这样的打击下，人很难再有勇气。但是勇气是这么重要！你必须每天带着勇气和新鲜感去感受生活，每天都是新的，仅这一点就是如此美好，每一个早晨都是一个新的开始，所有过去的时间都已过去，重要的是今天，是此时，你只拥有现在，只有现在才是现实，其他所有一切要么就是积满尘土的档案，要么不过是对未来的推测而已。

"眼下你看见的世界，是镜子里的你自己，所以最重要的是，你自己是什么样的人。你是乐观还是悲观，是热爱生命还是被死亡所吸引，是爱还是恨，是忧郁还是有创造力，这一切非常重要。不是这个世界糟糕，而是你对你自己和对世界的态度不对。你不是你的世界的受害者，而是它的创造者，这是一个非常重要的认识，为了接受到我给你的脉冲，改变你的人生态度，你要非常清醒地意识到这一点。在这个重要的心理学理论的基础上，值得进一步深入地探察你灵魂深处的世界，自己找到一条出路。"

神经心理药物不会真正解放你

现代社会，神经心理药物被越来越多地用来治疗心理疾病。对此我想再次提醒大家，虽然在过去一段时间许多杂志都对使用心理药物的危险性作了很好的报道，其中包括《星》1983年第二十八期。尤其让我印象深刻的是一封以《药方上瘾》为标题的读者来信："我今年五十七岁，也已经上瘾几年了。几年前我去看一个神经科的医生。她说，她不能为我做什么，我自己的问题得由我自己来解决，她顶多可以给我开点儿镇静药。她也就这么做了。我从她诊所的护士那里得到一张五十片药的药方，连这个医生的面也没再见着，几个月以后我住进了医院，结果什么用都没有，因为出院后我感觉彻底的孤独和无助，如今我没有工作，感觉滞钝，比原来更加忧郁。"

无论是哪种瘾，成瘾总来得悄无声息，让人毫无准备，正像这位五十七岁的莫耶先生。他去看神经科医生，希望得到治疗，结果这位神经科的医生说，她不能为他做什么，他自己的问题要他自己解决。虽然从原则上说，这也没错，没有任何人可以代替某人解决折磨他的冲突和烦恼。但是通过药物的途径让人镇静就真的可以帮助病人心理健康起来吗？住院治疗也没有起作用，因为他在出院后感觉到彻底的孤独和无助。化学药物没有帮助他前进一步，反而导致他现在的失业、滞钝、比过去更加忧郁。

　　化学药品只能对人体起一段时间的作用，药效过后，人又回到用药前的状态，这跟酒精对人体的作用有些相似。酒精对人的神经和大脑产生一段时间的效力，这段时间人会觉得解放了、自由了，又轻松又舒服，酒醒时，才觉得浑身无一处不酸痛，难受无比，这时酒瘾君子会需要再喝上几口解乏，由此进入恶性循环。因为服用心理药物，患者在他原本的心理疾病，如：恐惧感、忧郁感、烦躁不安、不安全感之上，又加入一个药物依赖性或者说药瘾。

　　德国社会和工作部委托德国十所大学的药理学家，协同各大医院的神经科医生，对心理药物的治疗效果共同开展了一次调查工作，其结果是灾难性的。

谁想进一步了解这次调查的结果，可以在书店里买到这本书，书名叫《药物评估指数：安眠药、镇静剂和心理药物》（*Bewertender Arzneimittel-Index, Hypnotika, Sedativa und Psychopharmaka*），医药出版社（Medpharm-Verlag）出版。

专家估计，在联邦德国大约有五十万人患有心理药物成瘾症。此外，仅在1981年德国医生就为女性患者开了四千三百六十万张镇静剂和安眠药的药方，而男性患者则是两千零四十万张此类药方。看起来，女性更愿意通过药物的方法来隐瞒自己的心理疾病。还有几个有意思的数据：Adumbran是销量最大的此类药片，1981年销售掉七十五粒装的五百五十万盒，二十五粒装的一百二十万盒。同期还有四百万盒五十粒装加上二百四十万盒二十粒装的Lexotanil帮助人放松、镇静，让人心情愉快、做事带劲，改善人的社交能力——据它自己的广告上说。仅1981年一年，仅仅以上两种最流行的心理药物加起来，就达到一千三百一十万盒，总计二十二亿两千七百万粒。其包装说明书上声称这是"药物心理疗法"。

Adumbran和Lexotanil只是四百七十七种在联邦德

国销售的心理药物之中的两种。治疗慢性偏头痛的药物
Optalidon 也属于这类药，此药每年的销量是两百五十万盒。
Optalidon 含有导致成瘾的物质巴比妥酸，大约 80% 的此类
上市药物含有巴比妥酸。

　　这个巨大的消费数字都是由医生开出的药方，它们在
市场上跟不需要药方的心情改善剂酒精竞争，许多人竟然
将两者合起来使用，以使其效果翻倍！总结以上心理药物
消费情况我们清楚地看到，我们的社会存在多少问题，而
这一切都被隐瞒、掩盖在心理药物的消费中。谁会承认他
叫医生给他开心理药物？谁承认他每天得喝两瓶红葡萄酒
才会心情好？谁会说他每天晚上要喝上半斤白酒或者威士
忌？给自己做这些"化学治疗"的人，都有很好的理由：
压力、偏头疼、失眠、紧张、心脏不适、胃溃疡，等等。
人们拿出身体上的不适，甚至干脆说是遗传上的原因，来
出具一个合法接受以上这些"化学治疗"的证据。心灵世
界一切正常，只是身体缺少使人镇静、快乐和勇敢的激素
吗？完全不是这么一回事！还有一个问题：医生们用开药
方的方法来治疗人们的心理疾病，从而压制了真正的、不
靠药物的心理治疗，从西格蒙德·弗洛伊德在二十世纪初

建立心理分析学以来，人类已有可能通过真正的心理分析来治疗灵魂和精神世界的疾病。如果技术工作者或者物理学家在二十世纪初的发明和发现也像心理分析学被如此忽视的话，那么如今那些简化工作、减轻工作量的机器或者那些娱乐生活的电器都根本不会存在。可惜西格蒙德·弗洛伊德没有能像科技工作者那样唤起人们的热忱和激情。心理分析学也不是消费品。

2. 放松的思维方式

人能放下的越多，他就越富有。

——亨利·戴维·梭罗（Henry David Thoreau）

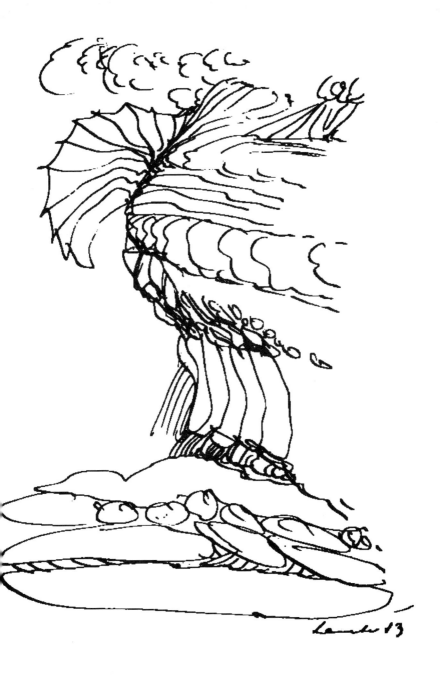

在第一章里，我已经集中讨论了放弃和沉着冷静之间的关系，探讨了最重要的几个观点，谁如果用心聆听了，已经可以打开几扇通向自由的窗子——如果他愿意。当一个人把自己从各种规则、安全保障以及对未来的期待中解放出来，给心灵和大脑自由活动的空间，他的灵魂世界就可以更加开阔，他可以让生命的风毫无阻力地吹过他的身体，他可以自由地吸进再呼出每日的经历，保持生命的活力。心理药物和酒精对于减轻心理疾病起不到帮助而是起到阻碍作用，对这一点大多数人与我有相同观点，尽管如此，我还想再次慎重提醒大家。

我希望，在二十一世纪的德国诊所里，这次医学专家调查评估的结果能真的影响到医生们选择正确的治疗方法。没有人可以再说，他不知道这些药物的副作用。我认为，如果医生再给患有心理疾病的病人开神经心理药物的药方，应当作为人为的、可避免的医疗事故来处理。心理药物只能在某些大手术前后使用，或者受到某些巨大的心理刺激后使用，而决不能几个星期、几个月地长期使用。这将导致成瘾，甚至损伤内脏。

如果人们只在特殊情况下使用心理药物，它还是一个值得肯定的医学研究成果，正如伦琴射线（X射线），过多的使用也会造成损害。心理药物不能替代心理治疗。不过我非常理解为什么那么多的医生、诊所使用这种假心理疗法。我们的医疗系统规定得这么死，让医生根本不可能花半个小时的时间来聆听病人倾诉，因为医生按他看的病人数量从医疗保险公司收费，而不是按时间收费，对此我也理解。但由此而造成的丑闻般的事实是，许多心理医生在跟医疗保险公司收费结算时出现很大的困难，甚至他的治疗根本不被承认。医疗保险公司应该制定一个心理治疗的专门收费规定，就像牙医的收费表一样，因为现在医疗保险公司总算公认现代文明社会牙齿保护以及牙医治疗对每一个公民的必要性。

在我们这个压力极大的工业文明社会里，同样重要的是在许多人事冲突情况下的心理护理。如果医疗保险公司不愿意支付心理咨询和护理费用，我也可以理解，因为他们觉得人们支付的医疗保险费里根本没有这一项。心理治疗的医疗保险或许可以先以自愿形式支付。不过其紧迫性和必要性是很明显的，因为大约有百分之五十的身体疾病都是由心理疾病造成的，也就是说，从纯医疗的角度来说，让病人去心理医生那里治疗也是非常有意义的。

不过，可惜心理医生和心理治疗师在德国被人看得太低。德国的心理医生至此还不能完全使人明白他们的工作对于保持公民身体健康的重要性。世界上最有名的心理学家还是西格蒙德·弗洛伊德、阿尔弗雷德·阿德勒和卡尔·古斯塔夫·荣格。在他们之后对心理学的研究还在继续发展，但不是行内的人对此几乎一无所知，除了几个引起轰动的结果，如"原始呐喊治疗法"或者"群体治疗法"。

新闻媒体几乎都用一种嘲讽的、批判的、怀疑的方式来报道新的心理治疗方法，这当然跟心理治疗本身没有得到国家医疗系统的全面支持有关，连心理医生这个行业的定义也不是很清晰。如果心理治疗能完全由医疗保险公司来支付费用，也许新闻界也会实事求是、严肃认真地报道新的治疗方法。

在我科隆的诊所里，也来过一些在电视台、广播电台或者报纸杂志社工作的记者，因为看过我的一些书，对我产生信任感，所以到我的诊所来向我咨询他们的婚姻问题、职业危机或者总体的心理紊乱。他们秘密地来，不许任何人知道，我当然也帮他们绝对保密。他们极其认真地听我讲，向我完全敞开心扉。他们却没准备为我的工作做个节目，或者做一个访谈，在报纸杂志上报道一下。因为他们知道，至少是感觉到，总编不会对这个感兴趣，或许还会招来总编的怀疑。一个带着嘲讽的、屈就你的"好吧，不过对那些心理问题和那个心理医生劳斯特的见解用不着客观、深入地关注"。

当然，也有报纸杂志来向我询问我的观点，基本上是以下这类问题：为什么自杀的人要从高高的欧洲桥上跳下来？儿童可以在没有父亲的环境里成长吗？外遇损害婚姻吗？克劳斯王子的忧郁症能被治愈吗？酗酒可以被治愈吗？戴安娜王妃有心理问题吗？克里斯蒂娜·奥纳西斯跟那俄罗斯人能幸福吗？顶级管理人员跟其他职员不同吗？癌症也可能由于心理问题引起吗？怎样从花卉上看人的内心世界？为什么越来越多的女人提出离婚？一个好丈夫应该具备哪些性格？事业心强的男人在床上不行？男人有性综合征？自慰有害吗？等等，等等。上百个诸如此类的问题变着花样来问。深入思考却是没有一个记者肯去做的事。他们总跟我说:"我们没地方登这些。"人们满足于表面上的意见,对于自己作为心理学外行的猜想或者读者的见解,他们只想从心理学家那里得到证实,而一个偏离他思路的、新颖的、令人振奋的、不入主流思想的见解是不受欢迎的。这对我来说是一个很令人痛心的经历,但我也不觉得我自己就比媒体高一头,就因为人家不肯给我的观点足够的重视。

原谅你的教育者所犯的错误

今天我接待了一个四十五岁的女人，她结婚二十三年，有两个孩子，工作半天。开始的时候，她显得客观、冷静、聪明，因为她在表现能力上受过相当好的训练，戴着一张完美的能干人面具。她跟我述说她的婚姻以及过去的二十三年。她丈夫显然非常赏识她的能力，因为在日常生活的冲突中她能非常自信地表现，能轻而易举地让人敬重她。她的声音渐渐地高昂起来："对于到目前为止的生活我都处理得很好，没人看到我真正的问题，其实潜意识里我很有攻击性。如果我去看望我父母或者他们来我这里，我总感觉自己像一个随时会犯错的小孩子，我痛恨这种不自信的感觉，而偏偏不能自拔地陷入其中。然后我就感到怒火中烧，觉得简直可以杀死我父亲，对我母亲我只有鄙视。

我的这种潜意识让我自己很害怕，因为它完全跟我心目中的自我形象不相符。我常常因此在床上翻来覆去，彻夜难眠，听着我丈夫在身边沉沉地酣睡，满意地打呼噜，我觉得自己像个小孩子一样想乱踢乱打来发泄我的怒气，甚至咬烂了枕头，我该怎么办啊？"

这种愤怒不是什么不正常的事。当我们处于任何一种冲突情况下，我们有保卫自己的愿望，可是因为各种原因，比如说因为恐惧、因为有悖自己的道德观或者本着息事宁人、大事化小、小事化了的原则，没有保卫自己，没有反击，在我们的内心深处就会产生无法化解的张力，一种壅塞住的怒火，我们想把它发泄出去却找不到出路，这是一种强大的压迫感。这是很好理解的，你不可能每时每刻都压抑住这一切，当童年的记忆重新浮上脑海时，对于你的教育者的怨气和怒火就会死灰复燃。

我回答这位太太："不要对抗您的怒气，您首先要接受它。让怒气发泄出来，从每一个角度仔细去观察它，就像观察一只蝴蝶或者一朵兰花。怒气是很值得观察的，它不是没有意义的东西，恰恰相反，它是非常重要而且还很有趣的东西。自我压抑或自我欺骗使愤怒变得混乱而不可预知，只有通过仔细观察才能看清愤怒的真实面目，从而才有可能消除对愤怒的恐惧。您要把您的愤怒从沉沉黑暗中解放出来，将它平铺在您认知的阳光下，只有这样，您的怨愤和怒火才能渐渐消失。允许自己将这份感觉表达出来，对您父母的怨愤不是什么糟糕的事，糟糕的是对它的压抑。从心理学角度看，人们对那个限制他生命活力、压制他各种各样的愿望、批评他的自然冲动的人产生怨愤和怒火，是很自然的事，更何况由于害怕失去父母的爱或被惩罚还必须压抑这份感觉呢。

"如果我们在那些情况下能够把愤怒及时表达并发泄出来，我们反而能用包容而豁达的眼光看父母，您的这些问题会忽然解决了，我们会觉得解放了，污秽清出体外，一种洁净而轻松的感觉。因为您不允许自己发泄，这些感觉游荡在黑暗的、无法预知的地窖里，它不管您准没准备好，只要碰到一点儿提示，它就会忽然冒上来，甚至吓您自己一大跳。"

从心理逻辑的角度看，怨恨我们的教育者是很正常的事，它不是不正常的、不道德的、或者吓人的事情。我们不必有罪恶感，对于已存在的对愤怒的压抑，我们不必又给自己加上一顶不道德的大帽子。如果是人最原始自然的感觉，它是不会错的。

我们应该站在我们自己这边，开放地认识自己的感受，观察它，不受任何道德的约束。我们应当将自己的感觉展现在日光之下，在明亮的阳光中充满好奇、充满兴趣地注视它，这是第一步。愤怒开始失去它的效力，它开始逃跑，我们可以大喊大叫、可以痛哭流涕，也可以唏嘘抽泣，还可以乱打乱闹，愤怒的风暴有机会发生、进而平息。心理医生的作用这个时候可以说是助产士，他帮助他的患者唤醒他的感觉，鼓励他发泄出来。有艺术感受力的人这时候也可以通过其他渠道，比如说，通过颜色、音律或者语言的途径来表达。

人们必须首先观察自己的愤怒，没人能绕开这一步。在这之后才有可能走第二步，也就是原谅那个使我们愤怒的人。只有愤怒完全发泄出去以后，我们才有可能真正原谅，在这之前的原谅都只是口头上说说，不可能真正发自内心，不会发自灵魂的深处。情感渲泄之后，人自然会原谅，我们甚至不需要再做任何努力。看看那些大发脾气的孩子，他们闭着眼睛胡摔乱打，尖声大叫，然后放声大哭，这一切过后，自然风平浪静，他们的情绪又重新进入一个平衡状态。风暴过去了，大地山河又重新开始平稳而轻松地呼吸，淡淡薄雾里带着青草和泥土的芬芳，它们原谅了闷热和雷电。对怨愤和怒火发泄的过程其实已经含有原谅的成分了。

但是注意，当然没有永久的不发怒状态，因为那种让我们生气发怒的情况不会因为我们的一次原谅就从世界上消失，它会换一种方式不断地出现在我们日常生活中，总会有人想压制我们，现在不是父母和老师，而是工作领导、熟人或者配偶，同样的游戏还会继续下去。

我们只有一个办法可以阻止恐惧和愤怒的发生，这就是在发生恐惧和愤怒之前，我们已经对引起恐惧和愤怒的因素进行过认真的研究和思考，并且改变了我们自己对此的态度，那么我们能在那些引起愤怒的情况发生之前已经原谅了对方。这却只有在人完全改变自己的人生态度，完全用另一种眼光来看待周围的人和事，这时候你发现，对过去让你生气的事，你可以一笑置之。

清理自己的精神世界

　　我们的精神世界不仅是一个逻辑思维的领地，它还是个大容器，里面装着我们的人生阅历、知识学问和行为准则。它不仅是心智思维的工具，而且还是个藏宝屋，或者废品屋，要看这里面装的是些什么东西。大脑是个储存器，它有本事收罗万象，从天文学的知识、钓鱼的学问，到对道德、宗教、人生哲学的观点，里面无奇不有。

　　我想描述一次我走过科隆中心市场所看到的情景：我想到市场去买一公斤的桃子。市场上挺热闹，很多人在货摊前挤来挤去。天气很好，明媚的阳光温暖着我的面颊，虽然空气还很凉。人们从我身边走过，我望着他们的面孔，读着他们的表情、面相和体态。每一张脸上都留下往事的痕迹、显示遗传下来的种族特征、告诉你他此时此刻的心情和人生态度。精神世界里的东西向外渗透出来，表现在面部表情上，清晰可见可读。一个土耳其女人站在一个货摊前，什么都不注意，只低头看着地下，很内向的样子。

一个男人腰板绷直地走过人群，他长着一副宽肩膀，走过去完全不考虑给其他行人留点空间。他周围的人都是他的对手，他想使用他的身躯将别人用力"往墙上挤"。他的面部表情显示着不满和攻击性。他盯着人看，等着别人不敢再看他。他富于挑衅性，这显示他紊乱的自我发展方式。

一个女人走过我身边，大约四十岁左右，她不算漂亮，脸色晦暗，鼻子很尖，嘴角的轮廓表现出对现实的不满。她的脑子里全是些批评、怀疑和贬低，她周围的人、她的生活、她遇到的事、她的婚姻，没有一点儿好的地方……一个男人迎面走来，穿着笔挺，昂首挺胸，步伐僵硬。他走路时身体几乎没有起伏，头竖得直直的，没有一点儿动作，只有他的眼睛东张西望，灵活得很。他的体态表现他自我克制力很强，是一个尖锐的观察者。他做事讲原则，是个商业管理人员或者政府机构的官员，在家里他肯定会用他的原则来欺凌他的妻子和孩子。

以上这些只是我当时随想的片段，我也没有按确切的时间顺序来写。我从人们不经意中发出的各种信号得到一个总体印象，这个总体印象当然比我现在写下来的多得多，而且这所有一切都是两三秒钟之内发生的事情，比如说这人生活的环境、他的经济状况、他的住房状况、他的交通方式、他如何度过他的业余时间、他跟他孩子说话的方式、他说话的风格，这一切都存储在他的精神世界里，随时随地在他的面部和体态上表现出来。

一个小姑娘向我迎面走来，大约九岁左右，她的面容很柔和，表情还模糊没有定型。在她的脸上还没有"写下"什么东西，这张童稚的脸上还尽是自由发展的空间，不似成年人写满关于她的人生阅历、关于她自己和她周围的人。从她的衣着上可以看出她属于哪个社会阶层，她的百褶裙有些脏，小皮夹克新的时候应该不便宜，她的长发护理得很好，头上戴着时髦的发夹。她脑子里还没有想到吸引男孩子这类事，不过她对自己的外表形象已经相当注意，对于自己外貌的美丽和穿着的时髦她都给予了充分的重视。她走路的时候还不会每时每刻都想着自己的外表，她还能忘了这一切，自由自在地走她的路，忽然在一家服装店前她看见一面镜子，她立刻伸手把自己的裙子理理整齐，端详一会儿自己的脸，这时候她的面部表情僵硬起来，她有意识地运动着自己的五官，使它们达到自己理想中的完美位置——一种最典型的"镜前表情"，然后又继续向前走了，忘掉了这一切，表情又放松了下来。

我的前方出现两个青年男子，年纪大约十七八岁，他们无所顾忌地嬉笑着、打闹着，互相推来攘去，吵闹得一塌糊涂，说话的嗓音故意憋得粗粗的。他们一方面想保持年轻简单的个性，却因为不断受到要像一个成年男人一样有自我约束力的教育，他们又想有男子汉的力度，想凡事占主导地位，想吸引别人的注意力，想给人强有力的印象。他们大声嚷着粗痞话，也许自己都没意识到，这是一种对强加给他们的教育的反叛，就像第一次被戴上嚼子和马鞍的小马一样又踢又跳，但甩不掉那讨厌的嚼子和鞍子。一个女人走过来，穿着洗旧了的紫色裤子，灰紫色敞领毛衣，她的女性特征只有从她的长发上看得出来，她完全没有化妆，看起来却给人不真实的感觉。她的面部表情冰冷而僵硬，可又看得出她是个极度敏感的人。这个人有意做一个对异性没有吸引力的女人，但她又并没有完全从中解放出来，她故意把自己搞得灰蓬蓬的，被束缚在这灰色的形象里，这是一种自我防卫状态，她将自己的敏感深深地隐藏起来，也许甚至是强烈的性欲，因为这让她自己很害怕。也许她曾经被男人伤害过，所以到今天还在跟她自己的女人味作斗争，她不断斗志昂扬地在心里说：我知道什么是我想要的，什么是我不想要的！

为什么我要这么主观地描写我这次走过市场的经历？我想向读者展示一次，如果一个人用心观察的话，你能从简单的外表看到人多少的内心世界。不管人自己怎么以为隐藏得很好，他们内心世界的感受和储藏物，无论是珍宝还是垃圾、是建设性的还是毁灭性的思想，以及五花八门的人生态度，都会不经意地写在他们的面部表情和体态上。每个人都可以接收到这些信息，如果你细心观察的话。当然这不是对这些人的科学分析，这只是一个带有许多错误的主观的观察结果，因为我的这些感受也受到我自己心情的影响。但是，我还是建议大家仔细观察身边的人，更加锐利地感受他们灵魂深处发出的信号。

让灵魂生活变得透明可见

"到底什么是灵魂生活？什么是灵魂？"经常有人问我这个问题。灵魂是一个多么奇怪的器官，外科医生可没法把它切下来拿给我们看看。

从物理学的角度来看并不存在灵魂这个器官，它不像肾脏或肝脏有个实物存在，它也不在一个固定的地方起作用，像大脑或者心脏，但它却时刻存在于我们的体内。如果我们突然害怕或者感动至深，它反映在皮肤上；在我们喜悦的时候它扩张，在我们受苦受难时它紧缩，这时它反映在心脏上；因为爱情而脸红时，它反映在血管上；因为不愉快的事情引起头痛时，它反映在大脑上；因为生活情趣让血压升高时，它反映在心血管循环上；当人软弱或者得到坏消息时，它反映在腿部的肌肉上；被哀痛和悲伤压弯的，是我们的脊椎。通过全身无处不在的神经系统，灵魂可以到达肉体上每一个区域、每一个器官，直至皮肤表面，它甚至通过使我们的皮肤干燥或湿润的方法跟外面的空气发生作用。肉体里发生着物理和化学的作用，它是灵魂的表达工具。灵魂是领导者，所以我总强调，是灵魂造就健康或者患病的身体，它是使人们内脏功能紊乱、生病、慢慢走向死亡，或者健壮、有活力、长寿的原因。

所以如果灵魂不合作，人怎么想着锻炼身体都没什么太大的意义。我们应该把保持身体健康的杠杆的着力点放在灵魂上，而不是身体上。当然一个健康的体魄需要一些基本元素，比如说，足够的营养，新鲜、多样化的食物，充足的睡眠，适量运动，避免损伤局部肌肉的体力劳动。在这些最低条件的基础上，身体可以毫无问题地保持健康。人们并不需要复杂的营养学，不需要精致的肌肉锻炼方案。我们的身体其实要求不高，只要灵魂得到满足，我们的呼吸会平稳、血压会正常、睡眠质量会好；我们的心脏会跳动得健康有力，它不会阻塞；我们的消化系统会毫无问题地运作，因为我们没有吞下什么"吃不消"的东西；我们不容易受刺激，因为我们不贪婪。

如果灵魂生活对劲儿的话，身体功能会运作顺利得让人没感觉。肉体生活只是灵魂生活的表达形式。不是肉体操纵灵魂，而是灵魂操纵肉体。当然化学物质（比如激素）可以通过血液到达身体的各个部位，从而影响神经系统，进而影响人们的情绪，身体当然也会通过这条途径受到影响。但这不能证明，灵魂只是化学反应而已。心理药物虽然表面上看起来只是化学药片，但它毕竟要通过影响人们的灵魂感受而起作用。而最大的害处是，这些化学药物要通过肉体来影响灵魂生活，而不是直接影响灵魂本身，当化学药物在身体内消耗完以后，人又回到用药前的状态。如果我们能做到直接接触我们的灵魂，那我们就不需要走通过化学物质的弯路，我们能够随时随地地感受到我们的灵魂、精神和肉体的完整性和统一性。

　　大多数人将肉体、灵魂和精神分开来。有些人只有精神，他们甚至不愿意接受自己还有肉体这回事，想到自己的肉体他们甚至会觉得尴尬、觉得难堪。另一些人只有肉体，他们坚信古希腊的格言——"在健康的躯体里也居住着健康的魂魄"。他们锻炼身体，参加各种体育运动，去游泳，去森林里漫步，天天做体操、健美操，注意健康饮食，然后自己也觉得奇怪，怎么还是不能幸福和满足呢？为什么恐惧感还是时刻追随着自己，怎么也甩不掉呢？为什么还会有勃起困难？怎么还是性冷淡？他们用心保养自己的身体，烟酒不沾，可是他们不幸福。相对于这些人来说，那些喝酒的人至少有那么几个小时比他们快乐得多。我这里不是要给酒这玩意儿做广告。

只有极少数的人可以忘掉肉体和精神，而将灵魂放在他们生活的中心位置上。一个人的灵魂却是跟他的精神世界，也就是这个存储生活哲学、处世原则、道德标准、人生态度、各种成见、愿望和期待的大容器紧密相连。肉体和灵魂很容易互相协调融洽，不和谐音总是出现在精神这个元素上。如果精神元素不断骚扰破坏我们的话，灵魂很难真正成为生活的主宰。这一点我们必须了解。我们要做的事，是将灵魂从精神的桎梏里解放出来，让我们的灵魂不再受精神元素的统治和压迫。

只有当灵魂成为一条流畅的通道的时候，当它透明可见的时候，当人们可以将自己每日的经历和感受随时随地毫无阻力地表达出来的时候，灵魂生活才能够自由地发挥。灵魂生活是：感受—透明可见—表达。就这么简单，却又这么难理解。我想用以下几页来解释这个简单的过程，让普通人有可能理解它并在实际生活中实施它。为了造就一个健康的灵魂，人们不需要复杂的练习，不需要特别的知识，不需要通过大学入学资格考试，不需要在大学学心理学，不需要完成心理分析的学业。这一切其实非常简单而且立即可以做到：灵魂生活是一个感受、透明可见，然后表达的过程，这一切在健康的人身上发生得毫无阻碍，没有能量损失。灵魂是一条通道，生命的能量只不过流淌过它而已。

灵魂生活的模型

外界刺激　感觉　→　精神 灵魂 肉体　→　表达　刺激 其他人

只有生命能量的流动受阻的时候，才会产生问题、紊乱和疾病。

禅心静处代替苦思冥想

　　每当我建议我的患者自己静处一段时间，总会听到这样的反驳："我觉得这么苦思冥想没什么用。"这是对的，苦思冥想不会帮你走出困境，因为苦思冥想不是禅心静处。苦思冥想只是人牢牢盯住一件事，在一个固定的圈子里没完没了地绕。下面是一个简化模式：

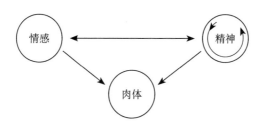

　　由上图可见，情感元素和精神元素都可以影响肉体，而只有在精神元素里人会不断地绕着同一个问题转死圈子。

例如："她看我的目光怎么冷冷的，她到底爱不爱我？已经有几天她没有性高潮了。她老反驳我，完了之后她又很体贴很温柔。这是爱情吗？我爱她吗？或者她只是激起我的性欲？她总是有理。但是她说男人不能真正地爱，这点她可没说对，我想起这个就生气。如果她这么说，表明她根本不可能爱我。她总是冷冷的，很少给人看到她的感情世界。对于动物，特别是狗，她倒是特温柔，常常忘了她自己。面对我她总是保持距离，她虽然说她爱我，但是她真的爱我吗？"

这人的精神世界不得安宁，因为他的脑子里不停地转着一个念头："她爱我吗？"这么转下去对于找到问题的答案毫无帮助，同时他还给自己添了一个新问题：苦思冥想。对有些人来说，苦思冥想甚至会成为习惯。如果我成天坐在苦思冥想的旋转木马里，我不可能有心情去关注身边发生的事，因为我给自己画地为牢，被囚禁在我自己的牢笼里。我的人生会越缩越紧，而不是越来越开放。这个精神元素试图通过思想、主意、计谋来解决这个问题，因为它做不到，这个苦思冥想就永远没有尽头。

禅心静处是完全不同的东西。在禅心静处的时候，精神元素退居二线，它不再起主导作用，而是让情感元素尽情发挥，人们开放每一个感觉器官，顺其自然地去观察、去体会、去感受，这时候人的肉体和灵魂达到统一。不要让思想控制人生的舞台，人生不是事先可以设计好的舞台，人生舞台的主角是此时此地，此刻出现的人、发生的事，带着它们对我们的感官不同程度的刺激。思想并没有消亡，它只是退到幕后。我们精神世界这时充满了宁静和安详，而安详是让人放松而幸福的，在这个安详的基础上，一切新奇美好的事才有可能发生，就在眼下，就在此时此地。

一个总在苦思冥想的人，对身边的事物感觉迟钝，因为如果一个人将自己封闭在他的白日梦里，当然对真实的生活没有感觉。一个禅心静处的人，正相反，他处于最清醒、开放、接收信息能力最强的状态，对于眼前发生的事，他可以敏锐而深刻地感受。这是一个重要的区别，苦思冥想和禅心静处恰恰是相反的两种方式。

一个正在恋爱中的人，不可能同时苦思冥想，因为他处于最清醒、开放、接收信息能力最强的状态。他用他的全部身心去感受，用他所有的感觉器官，他要比任何其他时候接收到更多的信息。没有哪一个感官操控其他感官，所有的感受都同步进行，这些感受流淌过他的肉体和灵魂，他的精神保持着沉默。一种清新的感觉，一种不被任何一种反思和冥想所骚扰、所束缚的感觉，这种清新感，就是静处时的禅心。这时候的灵魂随着感觉震颤，跟着感觉飞舞。这时候我们不需要精神、不需要思想，当然根本不需要苦思冥想了，苦思冥想只会阻碍这种震颤。

禅心静处不能通过简单的规则来学习。许多的发声练习，如闭着眼睛喃喃自语着"哦吭，哦吭，哦吭……"想通过这种方法来达到禅心静处，真是可笑至极，而且我们还可以由此看出，一般人对自己的灵魂生活是多么一无所知。我告诉你，没有禅心静处的修炼术，也用不着离群遁世跑到修道院去寻觅安宁。如果你面对着修道院惨白的空墙仍然不停地想着过去，苦苦思索人生答案，这种隐居生活帮不了你任何忙。

禅心静处不需要修道院，不需要与世隔绝的环境，也就是说，人们不必逃避外界的刺激。我可以去市场、去迪斯科舞厅、去足球场，我忽然停止了苦苦的思考，那些想不清的问题忽然逃得无影无踪，我打开我所有的感觉器官，打开这些我生命的门窗，让外面的风吹进来，又毫无阻碍地吹出去，没有迟疑、没有紧张、没有防范手段、没有阻拦，这时我的感官会更加开放，一种清晰的感觉渐渐形成，灵魂变得透明，眼前发生的一切可以像风一样地吹过它，它可以舒适地伸展，人可以感受前所未有的清醒和活力，这是一个人充满生命喜悦的前提条件。

通过某种特别的训练术、通过理解某种理论或者通过坚强的意志不会产生生命的喜悦。幸福喜悦的状态是不可以努力追求的，它不是通过一个学习过程学得来的东西，比如像学习拼音识字。我们需要的是放弃我们牢牢抓住和不懈追求的东西，这之后，灵魂才可以成长进而成熟。所以一个孩子可能比一个"聪明"的成年人拥有更"健壮而光明"的灵魂，因为许多成年人虽然随着岁月的流逝而衰老，他们积累知识，可是他们的灵魂却并没有更光明和成熟起来，恰恰相反，它们变得越来越狭隘和黑暗。

冷静观察代替统筹计划

当我跟人们交谈的时候，他们很快就会跟我讲他们的计划。这一个正准备着工作上的一次升职，另一个想独立创业，又一个计划去成人大学学习英语，另一个计划在村里的教堂结婚，又一个计划在 Ibiza 连锁酒店里开家咖啡馆，还有一个给我画了张他跟两个女人在床上的经历，一个梦想着去赛舌尔群岛，另一个准备离婚，接下来的这个想驯服她丈夫，又有一个想通过结婚而不必去工作了，还有一个正在全心全意地寻找上帝。我环顾四周，没有一个计划是普通的，没有简单的、没有随意的、没有俗气的、没有不现实的。

让我们来清醒地观察一次别人的计划，不带成见，不作好或者坏的评价。什么是计划？计划是"胡思乱想"。我们可以计划几千种东西，人的幻想能力没有边界，让我们来观察这些幻想，这些别人或者自己的幻想。我在跟这些人交谈时发现，在他们的计划中愿望和期盼占着很大的成分。他们热烈地谈论着带着无限期盼的计划，而压根儿没有发现自己身边的现实生活正散发着它沁人的幽香呢。

大多数人整天对现实和周围的人不满，他们批评老板、批评邻居，自我陶醉在贬低、批评别人时产生的优越感里。这么多的东西都不对，应该是另一个样子。她的伴侣这也不对那也不对，他不守时、没完没了地谈他自己的爱好、对她的女友不友好、嫉妒心强、不喜欢出门、讨厌这种那种音乐、是个没主意的人、老是忧伤得很，等等。为什么不能让事物保持它本来那个样子？难道接受事物的本色就这么难？

我们总是比别人知道得多，总是比别人聪明，总是有更好的计划。我们将自己的思想、看法、感受强加在其他人身上（心理学上称之为"投射"），我们总以为我们的朋友、同事、伴侣也应该像我们一样，如果不一样，那肯定是他们错了。如果另一个人也这样想，他也将自己的看法强加于你，结果呢，两个人面对面走过，谁也不理解对方，陌生感越来越强，相互理解变成空中楼阁。

每个人都想以他的方式来改变世界，这一个认为大家都应该信奉天主教，另一个认为应该取消宗教，接下来这个只接受理解社会主义的人，他跟那些奉行个人主义至高无上的人吵得像仇敌一样，对有些人来说天下最糟糕的是一夫一妻制，对另一些人来说自由散漫的教育方式才是一切恶心事的根源。每个人都在跟别人作斗争，每个人都是世界上最正确的人。这一切必然导致奋力追求做"人上之人"，导致费尽心力来证明自己思想的正确性，每个人都想用他的方式拯救全世界，解放全人类。人的精神元素是个凡事正确的改革家，一只死咬不放的好斗公鸡，这个"我"倾尽全力地为得到社会的承认而奋斗。可惜所有斗争性的行为都必然引起反抗，因为暴力总会引发反暴力。

如果我们还想健康生活的话，我们必须放下一切。不要从改变其他人开始，而是从改变我们自己开始，从离我自己最近的东西，也就是我的灵魂、我的精神、我的情感开始。我们必须首先将我们自己从所有的一切中解放出来，从自己的计划以及他人的计划，从各种理论、主义和系统中解放出来。让我们从让世界保持本色开始，翻开人生崭新的一页。没有了计划、没有了"投射"。让我们完全不带期待和愿望地观察我们自己和别人所说的话。没有努力追求、没有求胜好强心、没有以自我为中心的欲望、没有需要死守的理论思想。放弃是问题的答案。

人们对于问题，总期待着一个解决方案。他们想知道，怎样消除嫉妒心，怎样排除对其他人的恐惧感，怎样才能不羡慕朋友的成就，怎样不因为配偶的外遇而失望，怎样不因为那些伤人的话而难过，怎样才能让配偶大气些，等等。以上这些问题没有一个是可以用常规的思维来解决的。谁去寻找解决的方案，他又给自己添了一层问题。他可以疯狂地去寻找一个解决问题的方案，由此来肯定自己的价值，可是不会有结果。

我对一个事业心很强的企业家说："解决问题的唯一方法是抛开这个问题。放松而不草率。不要把泰然自若和随便胡来混淆起来——这里说的是从所有的问题、计划和斗争中解放出来，顺其自然，不再抗争。

"这不是软弱，而是内心强大的表现。一个软弱的人必须不断地抗争来证明自己的强大。一个真正强大的人可以让事物顺应自然的发展。人们就是他们那个样子，我们应该接受他们，而不要试图改变谁。我们不会问：'为什么天上没有两个月亮？为什么马特峰这么尖？为什么海浪这么高？为什么虞美人花没有黄色的？'我们注视着风中轻轻摇曳的虞美人花，不带任何成见，在这一瞬间我们感受到舒适和满足。可是我们隔壁的邻居太太，我们想要她是另一个样子，对于同事，我们批评得毫不留情，而身边那些吓得瑟瑟发抖的小人物我们压根儿就没看见，也不会想到去安慰一下一个无助的可怜人。

"泰然自若指的是让事物自然发生，不要去强迫改变它，不要花力气去强扭它，因为这样只会把事情搞得更糟糕。这件事或那件事，它必须发生，它必须表达出来，所有的一切都有它的意义、有它的席位，我们怎么能够如此粗暴地干涉，要它一定按我们设定的轨道走，觉得自己什么都要高人一等？世界上最大的灾难来自于自以为高人一头，来自于死死咬住某个神圣的教义不放，因为任何由人计划的、所谓神圣的救世行动最终都将导致灾难。禁止饮酒反而导致酗酒成风，谈性色变恰恰会促进色情产业，狂热地追求真理反而导致谎言的滋生，基督徒造就反基督教思想，资本家使社会主义者强大起来，反过来也一样。军国主义者唤起和平主义者的斗志，和平主义说教者使鹰派势力更强大，每一种斗争都刺激它的反动力，如果人们不顺其自然的话。"

我们首先要改变我们自己，然后轻轻松松地观察那些正在进行中的事。我们只是这个地球上的客人，我们应该像客人一样为人行事，我们可以享受客人的权利，可是不要试图去改变主人，否则他会惩罚我们的。当然我们不是因为怕受到惩罚，不是怕受到阻力，不，这一切是为了别的，是为了心灵的成熟和生活的智慧，是为了享受生活、触摸生活，是为了简简单单地接受它而不做任何审查，一切顺其自然，做一个时代的见证人。可惜从来没有人告诉我们，简单地过日子，不计划任何强求的改变是多么美好的事。

3．自我意识和自我安全感

小时候我们玩捉迷藏的游戏，
不懂得这只不过是暂时的游戏罢了，
我们玩得开心，谁知后来当了真，
儿时的生气和伤心变成真正的愤怒和
悲伤。
成年后的我们，还在跑啊、藏啊、找的。
一些人把自己藏得这么好，就连自己都再
也找不到自己了。

——克里斯蒂安·阿勒特-维布兰妮次
（Kristiane Allert-Wybranietz）

1974 年，我 的 一 本 书《自 信 心 可 以 学 习 》(*Selbstbewußtsein kann man lernen*）出版。这本书涵盖了我许多基本的心理学研究成果，其中我主要针对人们缺乏自信心的原因以及自卑感的形成进行了分析，并且提出了一些针对性心理治疗方法，通过这些治疗能帮助人们加强自信心。这本书的第一版仅仅在"读书圈"（Lesering，德国一家大型读者俱乐部，人们可以在里面交换借阅图书）里已经达到二十二万册发行量，对此我深感欣慰。

从这本书的出版到今天将近十年了，人们还可以从"读书圈"里订阅，或在书店买到这本书。我这里不想再重述这本书里的内容，不想让老读者感觉乏味，而是想在这之上进一步地分析探讨。我在其间收到数千封读者来信，其中一部分我给予了相当详尽的回复。"自信心"对许多人来说都是一个大问题。一些读者来信以令人震惊的形式展示，人们在忍受怎样的压迫和屈辱，如果他们的个性发展和自我发挥的冲动被强制打破的话。

我本可以在这里援引几封非常沮丧的来信，在这些信中，人们述说他们健康的自信心是如何受到父母、老师、工作领导或者配偶的打击。我却不想迷失在这些负面例子的描述中，还是直接走上更加自信的路吧。

一位画家向我述说了一个非常正面的人生经历："过去，我拿自己的画给人看，是想得到好评，想要人家说这画美，想得到承认。我每次想求得别人的承认，过后一想到自己那副献媚的样子，自己都很生自己的气。我的自信心依赖于其他人的意见。现在我明白，这一切都是错的，这不但对我的心态没好处，也对我的绘画没好处。以前我很需要别人的承认，还得不断地给自己一点认可，可是这一切不过是表面的安全感，因为我又怎么知道，那些认可我的人就正确呢？也许他的评价完全搞错了呢？也许他的褒奖反而把我引上一条错误的发展道路，或者他的批评只是源于他本人缺乏经验，在无意中我被人操纵，放弃了很有价值的东西，放弃了一条有可能获得丰硕成果的发展道路。

"今天我不再受任何人的影响，我让那些友好的人赞扬我，让那些批评者尽情发表他们的高见，这两方面的评价都影响不了我，我只是画自己的画，现在这些画才真正是我自己的画。"

这位画家的认知非常美妙，非常智慧，我相信他会成为一个伟大的艺术家。他站在自己这边，不受任何认可或批评的影响，他不理会阿谀奉承，也不被悲观者拖入忧郁的深渊。

对于我们所有的人来说，这位艺术家是一个非常好的例子，是一个模式。我们不应该被任何其他人的意见扰乱，我们应该简简单单走自己的路，这就是自我意识，在这个基础上才会产生真正的自我安全感——因为知道自己是谁，因为清楚自己的立足点，由此而产生真正的自信心。

只有不自信的人才要听这个和那个意见。他想满足所有人的要求。他像墙头草一样东摇西摆，其摆动的方向根据风向而定。他今天还谦虚得很，明天突然趾高气扬起来。他这会儿还在试图适应某种模式，过后忽然张牙舞爪。一会儿攻击这种风格，一会儿攻击那种风格，他的观点常常自相矛盾。对他来说，今天正确的东西，明天就错了，真理和谎言可以随时交换位子。他不知道他是谁，也不知道自己真正想要的是什么。

自信心是：无条件地相信自己、坚持自己，走在自己的路上，唱着自己的歌，不害怕做一个独特的人、一个与众不同的人，感受自己，跟着自己的真实感觉走，勇敢地审视自己的灵魂深处，理解自己情感世界对言行及各种外部表现的影响，深深地体会和了解自己。换句话说，简单地做一个真实的人。

这不是自私自利，不是以自我为中心，也不是追求自我成就（Ego-Trip）。追求自我成就是一种争名夺利，是跟其他人作斗争，想出人头地，想超过其他人，成为中心人物，挤兑和压迫其他人。自私自利的人始终把自己的利益摆在第一位。以自我为中心的人更进一步，他们贪婪地扩展自己的利益，个性专横，压制他人，并且想方设法、贪得无厌地追求众人的瞩目和景仰。

比如说，练健美，很容易进入自吹自擂的怪圈里。如果一个人过于注重自己的美貌，或者常常要表现一下自己的智力，他正走在自吹自擂的大道上。为了攀比显摆的消费，无外乎自吹自擂。自我安全感被吹成了个大气球，它把目标锁定在周围的人身上，一种在人前的安全感。

自信心正相反，它是内在的安全感，它只有在我非常有意识地过自己的生活，当真理和真实性得以舒展的时候才会形成。这句话带我们走出《自信心可以学习》（*Selbstbewußtsein kann man lernen*）这本书。

自我认知和自我决定

自我认知是自我决定的前提条件。一个人首先要认识自己、了解自己，才有可能对自己的生活作出正确的决定。一位四十岁的成功商人到我这儿来述说："职业上我蛮成功，因为我勤劳、能干又主动，生意越做越大。不过跟我太太我从来都没对劲儿过。十六年前我因为爱情而跟她结婚，我把家里这块地盘完全让给她，她给我生了两个儿子，并负责孩子的教育。她长得不错，社交能力很强，在我们的朋友圈子里很受欢迎，我应该可以满意了。我的朋友们都说：'曼弗雷德，你可娶了个完美的女人。'没人看到我内心的苦闷，看到我真实的情感。比如说，在性生活方面，我就不满意，因为每次如果我想跟她做爱，她不是犯了偏头痛，就是胃不舒服，她完全用她的情绪和托辞来左右我的性生活，直到结婚以后我才发现，基本上她对性生活没什么特别的感觉，她这辈子真正的性高潮也就三四次，她从来没因此埋怨过我，但我觉得自己特没用。

"她牢牢掌控着我的私生活。白天她打电话到我办公室检查，问我是不是会晚下班，是不是要开会，或者跟生意上的朋友上馆子吃饭。我的一举一动都在她的监控之下，因为她嫉妒心非常重，老是疑神疑鬼的。在两个小孩的教育问题上，她可不让任何人插手。在这件事上我什么发言权都没有，只有她认为正确的事情才会让小孩做。她还管我怎么穿衣服，如果我自己买件衣服，她就唠唠叨叨、没完没了地批评，直到我把它挂回衣柜里才完事。我只能穿她给我买的衣服，或者她建议我买的衣服。她只许我穿最老派保守的衣服。

"她甚至干涉我的私人书籍。有一天我带回家那本爱斯特尔·维拉写的《被驯服的男人》，这书第二天就消失了，她还加一句评论：你不应该读这么蠢的东西，你不觉得你自己很可笑？她每次说什么都是一锤子定音的，那腔调硬邦邦的，让人不敢违抗她，如果我居然真的敢发表反对意见，她的声音立刻高八度，腔调更加强硬，她就像受了刺激，开始发怒，开始威胁我。为了息事宁人，我只好闭上嘴巴。她决定我们吃什么，我可以喝多少酒，看什么电影，邀请哪些朋友来家，哪些人绝对不可以邀请，什么时候我们上床睡觉，买什么家具。她当然也监控着我的银行账户，而且她还监控着我的思想。如果我的哪个想法不对她的口味，她就攻击这想法是低能、白痴，为了不跟她吵，我就只好放弃这个想法。我可以说，今天我已经不再爱我太太了，但要提出离婚我又没有这个勇气——尽管上面所说的一切，我还是觉得离不开她。我甚至很钦佩她的坚韧不拔和独断专行，她总是那么自信，搞得我越来越没自信心。而我越不自信，她就越表现得自信。我没法爱她，而且我肯定，她也不再爱我，但是我们互相需要，她需要我的钱，我得努力工作，这样她才可以继续扮演她房子里的女主人角色；而我，每次当我需要作决定的时候，需要她光芒四射的自信心。"

根据我的经验，许多中产阶级的家庭都有非常相似的情况：男人出去工作赚钱，女人在家庭中找到自己的位置——母亲和家庭主妇、家庭和婚姻的保护者，她决定什么是正确的、什么是错误的道德观，决定什么是正确的人生哲学。她审查别人的思想，一步步施加心理压力，强迫别人就范。她把自己的个性发展和自决权延伸到控制他人、决定他人的生活方式、决定他人的举手投足。当她生了一个或两个孩子，男人正处在事业的上升阶段，她看到这个机会，又进一步巩固发展她的权力地位。男人一般都没办法，他放弃了认识自我的努力，放弃了开发自我决定能力的可能性，他开始接受由别人来决定自己的生活。他甚至问：你觉得这个怎么样？那个你喜欢吗？这件事上你会怎么反应？对这个问题你怎么看？

如此往复，这种凡事听从他人决定的思想会深深地扎根在他的脑子里，渐渐形成依赖性，甚至上瘾。接下来他真的相信：没有你我不能活。我不能失去你，虽然我已经不再爱你。

这种自我认知上的缺陷却让人的灵魂得不到安宁，人内心的不满会越来越强烈。没有人会真正感觉身心舒泰，如果他找不到自己，如果他不能自己决定自己的生活。受制于人的生活有可能成功地延续许多年，但这颗定时炸弹正在滴答作响，它要么向人体内部爆炸，产生各种各样的心身疾病（由心理因素造成的身体疾病）；要么它向外爆炸，有一天，不满终于以一种不可原谅的暴力方式爆发出来，致使夫妻感情最终破裂，离婚成为唯一的出路，不管孩子、不管要失去一半的退休金、不管要支付吓人的赡养费、不管接下来经济状况陷入困境。为了自我决定所作的抗争将成为一个非常非常痛苦的过程。

自我安全感和恐惧感的形成与消失

只有在我有足够的内在信心的情况下，自我安全感才会形成，也就是说，没有任何人、任何情况、任何对未来的期望、任何宗教可以让我产生恐惧感。当我过街的时候，一辆汽车突然带着刺耳的刹车声从我身边开过，我当然会吓一跳，这是正常的，但是十分钟后我又平静了下来，这不是夺走我自信心的恐惧感。我这里要说的恐惧感，是一种悄无声息地潜入人内心深处的恐惧，例如：不能完全被接受的恐惧、不能满足别人要求的恐惧、不符合一种道德规范的恐惧、将令人失望的恐惧。

一个年轻人问我："我怎样才能自信起来？我总害怕被别人拒绝，因为我没有幽默感，一到人多的地方我就浑身紧张，然后呢，我当然就绝对不可能轻松灵活地反应。这让我恐惧得要命，我甚至被这折磨得不行。"

一个人怎么可能自信，如果他害怕不能够快速而灵活地反应、不能诙谐幽默地说话？你观察过吗，俊美的人经常不自信，他们害怕自己不够俊美；智力高的人很容易被一点点批评弄得不自信，因为他们太看重自己的智力，对别人的承认非常重视；有创造力的人如果没得到足够的重视的话，会很敏感，因为他们觉得自己有权说些什么，觉得自己有新的主意；许多天才常常手忙脚乱的，因为他们担心自己的天分不能被别人发现。这些人被同一个难题折磨着：他们越在某方面有天赋，越是难以与人沟通，因为他们的天赋相当大地偏离社会公认的普通标准，因为他们说着一种普通人不大听得懂的语言。

一个人的强项往往是恐惧感和不安全感的源头。自我安全感叫做，清楚地说，就是没有恐惧感，没有限制和阻碍地发挥自己，绝对不去注意他人的掌声，不管这掌声是从哪里来的。我们常常这么在意赞扬，我们被训练成这样：看重他人的认可，不能无恐惧地面对批评和贬低。恰恰在我们觉得重要的领域，我们一方面带着深深的被否定的恐惧感；另一方面又如此地渴望认可和赞扬。因此，有些人

3. 自我意识和自我安全感 ｜ 093

偏偏喜欢恶作剧，专门去攻击别人的敏感部位：

高智商人的逻辑性

美人的发式

艺术家的作品

诗人的语言

手工艺人的手艺

母亲的孩子

经理的领导才能

社会工作者的生活方式

基督徒的虚伪

道学家的浮躁

女权主义者的家庭生活

幽默大师的抑郁症倾向

宗师的弟子

老学究的秩序混乱

诚实人的谎言

勇敢者的慌张

和平主义者的攻击性

一个人相信他的强项在哪儿，这里恰恰就是他的敏感部位，因为他担心自己的强项不被认可。所以，如果一个人把自己的特性、能力、天赋和成绩看得过重的话，他永远也不会有真正的自我安全感。那么，自我安全感要怎么样才开始形成呢？当一个人专注于自己的成长和成熟，开发自己的天赋，不受别人的影响，不要别人知道重视自己的时候，只有在这时候，自我安全感才开始渐渐形成。在不去追求认可的地方，也不会有恐惧。如果诗人只是为抒发情感作诗，不会产生恐惧感，如果俊美的人只是因为内心对美的渴望，只是为了要俊美成为现实，就像一个人要呼吸、要活着一样简单，因为他自己开心，不会有恐惧感，因为这正是发挥自己而不为追求任何效果。

如果一个人想要为了比别人强的自信、想要没有恐惧感的自信，他只能失败，这样他只会促进恐惧感的形成，一旦他这样想，马上会害怕，会产生恐惧感。自我安全感是一个状态，只有满足这样一个条件的情况下才会没有恐惧：放开除了你自己以外的所有一切。如果能做到这一点，那么智力也不过是精神世界里的一点光辉而已。

3. 自我意识和自我安全感 | 095

玫瑰花从来不管欣赏它的人的评论，它只是开它的花，做一朵玫瑰。夜莺唱它的歌，它压根儿不知道它叫做夜莺。我告诉那个一想到要诙谐一点就紧张的年轻人："做一朵森林边的野玫瑰，让你生命的花朵简简单单地为你自己开放，别去问那些路过的行人是否满意。玫瑰花从来不管其他的玫瑰花，月亮从来不管太阳，为什么你要去关心迈耶先生的意见、道德观或是审美观呢？为什么这些人要去管昕讷先生的思想，为什么那些人老要想着曼纳牧师？"

　　自我安全感是完全没有恐惧感，是绝对不担心自己觉得好的东西跟别人觉得正确的东西不一样。放弃带来无拘无束感，只有在完全不受任何约束的情况下，人才会达到无恐惧感的状态。

将所有的恐惧抛到脑后

我们得自己去经历、去尝试，由此来赢得对自己的认识。许多心理医生和心理治疗师举办自我经历的活动，鼓励患者通过亲身经历的道路来认识自己。而实际上，我们在每天的日常生活中，在职业上，在婚姻生活中都会经历无数的事。我不是想说，举办这些自我经历活动都是多余的，但不参加这些活动也完全可以。

把一个恐惧感放在自己的眼前，仔细观察它，是最好的自我经历和自我感受。因为我们可以看到恐惧感是怎样影响我们的行为，怎样唤醒我们的攻击性，又是怎样让我们为了驱赶自己的恐惧而在人前吹嘘卖弄。

去经历让人不舒服的恐惧感，而不回避它，这能让我进一步认识自己——这才是最重要的。大部分人在看别人时都是识人专家，但一低头看自己，全都傻了眼。他们没看到自己的恐惧感是自己行为的原始动机。我曾经跟一位成功的作家交谈。他说："我可以在我的小说里很准确地描述人，表现他们的恐惧。有一天我有意识地问我自己：我有什么恐惧感？我提了这个问题自己都吓了一跳，因为我从来没问过我自己这个问题。我发现仅仅提出这个问题，我额头上就开始冒汗。我还是把我的恐惧列了个单子，比如说：我害怕不成功、害怕别人批评我的书、害怕那些有攻击性的人、害怕失去性功能、害怕失去我妻子、害怕跟人交谈时不能像我在书里那样出色、害怕过一种真正有活力的生活、害怕知识面不够广、害怕自己意志不够坚定。我发现，我有很多很多的恐惧感，我简直就已经被恐惧穿透、腐蚀、毒化了。这个自我认知让我很害怕。我去了好几个心理治疗师那里，把我自己收集的恐惧单子给他们看，想得到一个专家的诊断。目前我觉得好了一点，但还没有被彻底治愈。现在我想从你这里知道，我到底该怎么办？"

第一步至少发现自己的恐惧感。许多人在自己的恐惧感面前已经闭上了眼睛。认识你自己，是最基本的开始。这当然不是很让人舒服的事，如果你必须面对自己的恐惧，看清楚那些由此产生的奇怪反应，那些自我防卫术，那些自欺欺人的托辞，那些不公平的事。仔细观察你自己，看看你到底是谁，别人给你定下这么多的规矩，但是至少你自己不再给自己定什么规矩。

一个人不断地欺骗自己，就不可能自信地表现，他可能戴着一张自信的假面具，他可能一时能骗过其他人，但骨髓里面永远暗藏着恐惧，不知道有谁会突然过来一把撕破他的假面具。

自己仔细观察自己的恐惧，感受它，这是一个开始，因为我们最终想搞清楚给我们带来恐惧的原因。

我回答这位作家："任何恐惧都有它的原因。排除这些诱因，恐惧感自然会消失。只有你期待成功的时候，你才会害怕不成功，所以啊，从这种期待成功的状态中解脱出来。让批评者发表他们的批评，这是他们的问题，不是你的。我们做人不可能避免批评，所以接受这些批评，不要想着怎么去反击它们，让人们去批评，高高兴兴地接受这一切，那么你就没有了恐惧。为什么人就不能出现性功能障碍？允许自己出现性功能障碍，享受这障碍，然后你会找到你真实感受的源泉。也许你需要这次障碍，也许你在这次障碍中找到什么重要的东西，也许因此竟对你打开一扇通向一个崭新的、你以前无法看到的世界的大门。失去你的妻子，勇敢地放开她，给她自由去发挥自己。你能失去她，这里面有很多至今为止你看不到的智慧、成熟和幸运。一次谈话不是一本书，谈话本来就是随意的，本来就带着各种各样的杂质，话说出口，也不可能再去修改或修饰，要这样才好。你的书是精雕细琢的艺术品，如果你说话也这么文绉绉的，反而不美了。一本小说可以具备一种风格，可是千万别规定你随意说出来的话要有什么风格，它应该是流畅的、自然的。这次经历肯定也会影响你的著作。

"你怎么会害怕充满活力的生活？充满活力的生活是消除恐惧感最有效的途径。充满活力的生活意味着发挥你所有的生命能量，在所有的领域，无论是在肉体，还是在灵魂或精神领域。你到今天为止主要发挥你精神领域的能量，对于肉体和灵魂你还管得很少。你封锁住自己生命的能量，不让它自然地流淌，因为你害怕它会出轨。你将自己拴在缰绳上，自己握紧这缰绳，限制自己，你是你自己的暴君和奴隶主，你害怕自己的生命能量。释放你生命的能量，让它自然地奔流，那么你会看到，恐惧感随风而散。自我安全感，现在是真正的无恐惧的安全感，在你身体上蔓延开来。当恐惧感消失的时候，生命会更开放而美丽，再不会有外界的影响需要抵抗，没有内心的感受不能表达，这是一个灵魂和精神完全健康的状态，在这个状态下才会形成无拘无束的生命的喜悦。"

寻找自我——发挥自我

　　许多人到我这里来，向我述说他们现在正处于自我发现的阶段。他们正走在寻找自我的道路上，并且希望我能在这个过程中帮助他们发现自己。我回答道："我得让你失望了，我没法帮助你找到自己，这是不必要的，因为你本来就在你自己身上啊。你不过是需要把那些由谎言和自我防卫手段组成的垃圾堆从自己身上清除，那下面就是你自己啊！他已经在这里，你不需要去寻找他。你不需要特别的学习，不需要心理治疗师人为的干预，不需要测试——只有勇气是必需的，那份扔掉包袱、清理自己的勇气。"我一般会看到一张失望的面孔：有这么简单吗？接下来他们会问："我应该扔掉什么呢？我又怎么知道，这个是垃圾，那个是有价值的？比如说，恐惧感是垃圾吗？可是这玩意儿我想扔也扔不掉。我的责任感是有价值的东西吗？"

"恐惧感不属于可以扔得掉的垃圾，因为只有人们把面具摘下来，恐惧感才会真正地显现出来。责任感才属于这种面具，人可以将自己隐藏在它背后。恐惧感却是真的，在恐惧感里我是我自己，在恐惧感里我找到了我自己。请将你自己放在你的恐惧感和攻击性面前。"

为了走近自己，人们不需要开展一次大的搜寻行动，不需要读很多书，不需要去成人大学上心理学课程，也不需要群体治疗。人们也不需要花费大量资金跑到东方去找一个什么门什么派的宗师或者什么治疗师。谁想，今天就可以，现在马上来到自己身边，如果他肯给自己足够的时间，看看自己那个面具后的样子，看看自己那个不是很让人舒服的样子，那个自己至今为止一直在逃避的真实面容。谁想去看很多书、参加群体治疗，或者给自己选一个宗师，不过是在作另一次逃避，他为"以后"做着一千种准备，只是因为他想绕过"现在"。

我们已经到达了目的地，我们不必长时间地寻找，我们只不过需要准备好，安安静静地、不带任何恐慌地进去看看自己的人生观、自己的感受。自我发挥是实实在在的从我自己身上发挥，从我原始的感觉和感动产生出来的东西。谁要为了满足他人的愿望，为了得到赞扬和认可而为人处事，这绝对不是自我发挥，恰恰相反，这是明显地受制于人。

一个女人跟我讲述她的婚姻："我已经不爱我丈夫了，也感觉不到什么性欲，不过我还是陪他做爱，因为他需要，因为我作为他的妻子想满足他这点儿要求。我没法拒绝他，否则我会觉得对不起他。"

这位女士的性生活不是自我发挥。因为她的性生活完全由别人决定，当然感觉不舒服、不快乐了。对于她的丈夫来说，这种性生活也不是自我发挥，因为这种性接触只是单方面进行的。他也许也可以达到性高潮，释放他的性冲动，但他不能产生什么爱，他只是以这种方式使用他的配偶，因为没有互相的关爱和给予，所以也不会激活二人之间的能量流动。

自我发挥不是自私自利地要求他人为自己牺牲。自我发挥不是不管他人死活，它首先是给予，而不是索取；是奉献，而不是要求。自我发挥叫做：敞开你的心灵，一页一页地翻阅它，让生命散发它的芬芳，这就是"给予"这个词的意义。

自我发挥的意思是，把你每天得到的，以及在你一生中至今为止得到的东西给出去。在这个自我发挥的过程中会产生自我安全感、无恐惧感，因为你是给予的一方。否定生命的人关闭自己，吝啬地退守，暗藏勃勃雄心，同时老在怀疑别人，担心自己给了太多能量出去，或者担心他的礼物不被人接受，得不到承认。这是小市民思想、精神世界的垃圾、错误的人生态度、非自然的东西，是心理疾病。

一个人首先要找到自己，完全敞开心扉，无条件地做自己，然后才有可能发挥自我，也就是说，让自己内心最深处的东西向外奔流泉涌，不再受任何限制，不再做任何检查。自我发挥是给你周围的人和这个世界的一份礼物，它散发着健康和生命的喜悦，因为你身上所带的这份生活的喜悦也会感染其他人，就像开放的苹果花给观赏者带来的喜悦一样。每个人都能仅仅通过发挥今天的自我而使他人幸福，这也是他存在的意义，这其实是他存在的唯一意义，人的存在没有其他的任务、没有其他的意义。我们活着，不是为了积累财富、爬上高位，也不是为了让自己融入社会，尽量不引人注意地走过一生。

　　健康的灵魂可以毫无阻碍地发挥自我，它不害怕"明珠被投到猪圈里"。玫瑰也会为母猪散发它的芬芳，太阳平等地照耀着大地，不管是石头还是盲人都接受同样的阳光。樱花在春天开放，它不会担心也许野猪没有注意到它。

4．让别人保持本色

　　一个小孩奶声奶气地说："啊呸！不！"其他小孩子就走了。他们不会想到去强迫或说服这个小孩跟他们一起走。他，就像其他任何人一样，只属于他自己。他的决定表明他是自己的主人。没有人因为他弱小，还不能完全控制自己的躯体，或者因为生活经验太少还难以真正做决定，就霸道地不许他自己做决定。

——简恩·利得罗夫（Jean Liedloff）

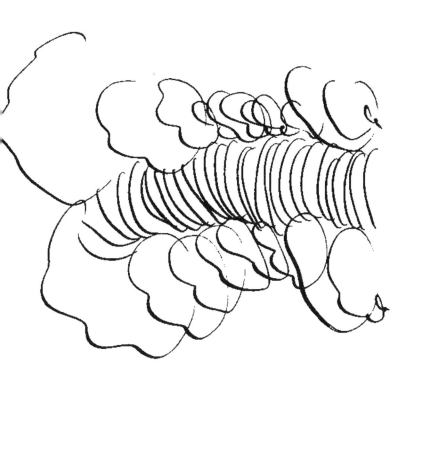

沉着冷静不仅仅表现在一个人内心世界的心理平衡，更重要的，是与人交往时坦然而轻松的状态。对许多人来说，一旦遇到必须与人交往，紧张感便随之而来，这是一个产生争执和张力的领域，因为他们不能够接受那些与自己不同的人，不能够让别人保持本色。让其他人是其他的样子，能够毫无恐惧地承受这一点，不去教训那些缺少经验而在寻找指导的人，不攻击那些比自己更成熟、知识更丰富、更有智慧的人，这是心理成熟和自由，也是自我安全感的表现。

　　能接受与自己不同的人，让他们保持本色，是一种开放的心态。在我的职业生涯中我碰到各种各样的、来自不同社会阶层的人。我还没有碰到一个这么心胸开阔的人。有一次，我相信找到了一个具有这种素质的人，他告诉我："我跟所有的人打交道，他们都让我感兴趣，没有人对我来说太低微，也没有人高不可攀。我跟每个人都学到不少东西。我跟他们学到的东西比我在学校里学到的还多。人们跟我述说他们的经验，我可以从中学习。"几个星期以后我发现，这人为了他自己的利益对他周围的人刨根问底，他利用谈话的机会榨取旁人的知识经验，利用别人为自己谋利益。他是一个完美的聆听者，其他人因此对他倾倒。他也很能给其他人合适中听的赞扬。但是一旦他得到了他想得到的东西，他马上转移目标，换一个又可以重新填充他知识饥渴的人。他的社交能力是以自我为中心的。他想收集知识、获取经验，通过这种方式抬高自己。他的动机不是出于对人们的爱，他也没有真正发自内心的放松和坦然，因为他在寻求高人一等，希望什么都知道，以达到超出他周围人的目的。他的交际能力是单方面的，它不是建立在相互理解的基础上，而是为了剥削他人。不仅仅是那些用很低的工资叫别人为自己工作，而以此发财的人是剥削者；那些榨取别人精神财富，由此丰富自己的认知、经验和学识，以达到高人一等，并获得权力的人，这些人也是剥削者。他看到对自己的好处，如果让人们是他们自己那个样子，他可以更容易地操纵这些人，从而强化他自己，实现他的自我安全感，驱赶他内心的恐惧。

当我把这个动机坦白地说出来的时候——因为他自己问我，他没法再实事求是地谈论这件事，他变得很有攻击性，试图巧妙地针对我的"易伤点"发动攻击。他开始说我是一个很差的心理医生，因为我看不出他的社交能力。我说对我来说，是一个"好的或者差的心理医生"不重要，我在这方面没有求胜好强心。他就开始训斥我没有严肃认真地对待我的工作。我对他说，我想结束这次谈话，因为他目前未处在一个能认识我和我的职业的状态下。"下一次也许会好些"，我说。就这句话，让他彻底发怒，再也看不到一点他作为聆听者开阔的心胸和坦然的态度。即使在这种情况下，也必须让人们是他们自己那个样子。如果一个人一直在追求超过别人的话，你再教他什么都不会有用，我跟他告别了。

一个真正沉着冷静的人，一个无论在什么场合什么情况下都泰然自若的人，他不会是以自我为中心的人，他不会去追求高人一等，他也不需要别人承认他高人一等，他可以轻松自然地面对别人的教训和挑衅，不受他人评价的影响，不管这评价是正面的还是负面的。独立性不是弱点，而是一个人的强项。软弱的人需要不断地证明他有多强大，由此来获取内心的平静和安全感。一个强大的人随时感觉到自己的强大，他时刻经历着这强大，他不需要表面的证明。一个紧张不放松的人不断想着怎么避免恐惧，这一点会表现在他说话的语调超常的安静和深沉。如果有人用特别安静、特别委婉的语调对我说话，我马上就很警惕地问自己："注意，这个人想从我这里得到什么？"

区分表演出来的还是真的沉着冷静并不是很简单。我通常做一个"你可以接受我本来什么样子就是什么样子吗？"的测试。我表达跟他完全不同的见解，看他怎么反应。如果他可以一笑置之，照旧坦然自信，那么他是真的沉着冷静，他是真的没有恐惧感，他表达的见解是他真实的想法，在他身上散发着轻松宁静的气息，他能毫无阻碍地从外界获取能量，这能量又从他灵魂深处奔涌出来。如果我发现这样一个人，我会觉得非常幸福，接下来也就不需要更多的语言。如果他能接受我的本来面目，那么我可以跟他交谈、描述我的感受、畅谈我的爱憎、尽情地发挥，这是一个非常美妙的状态。

让爱情来去自由是最高的生活艺术

　　爱情首先是一种对当前生活非常清醒的心理状态，如果加入性生活作为肉体对爱的表达和感受，这很美；如果没有，也不错。可惜我们的思想因为受媒体的影响而太过于注重性生活，性生活很美妙，它丰富我们的爱情，可是如果谁让它在生活中占有过重的地位的话，它就变成巫师的咒语，只会将人们带入黑暗而混乱的境地。

　　爱情的产生来自于我们的灵魂，而不是来自于我们的理解力，也不是来自于性器官，尽管它产生性激素。爱情的产生源于开放而清醒的心灵感受。爱情不认识道德、不认识人种和民族的界限、不认识宗教的区别、不管受教育的程度、不管社会阶级的不同，因为这些界限都是由人的思维发明的东西，因此是人造的而非自然的。

文化和文明给爱情定下规则：爱情是为了建立一个男女关系，在这个关系中规定人们的财产占有权，同时建立起对双方有利的安全保障。可是在自然的生命进程中，保持距离和互相接近交替出现，在两个陌生人之间存在着自由的空间，没有安全保障、没有游戏规则，在自然的生命中起作用的是非安全性，生命也因此才清新而有活力。由爱情产生清醒的关注，进而缩短两个陌生人之间的距离。

爱情像一只不可预知的蝴蝶。它一会儿停在这儿，一会儿又停在那儿，它的飞翔是无法预测、轻盈而自由的。请生物学家原谅我这种诗意的比喻，因为他们肯定会表明，蝴蝶的飞翔其实是多么的不自由，它飞行的方向其实受到多少因素的影响。我却喜欢这种形象的、诗意的比喻，这种让人能轻轻松松地理解的联想，即使它不是很符合自然科学的实际规则。

爱情，就像一只蝴蝶，停在某个人身上。如果你想牢牢捉住它，它就飞了，过一会儿又停在一朵花或者一块石头上。爱情只有在新鲜的空气里才会滋生，它不会被道德、宗教、经济利益、人种、民族、受教育的程度或者语言束缚住。对于一只嫩黄的柠檬蝶来说，那散步者的种族和人生哲学跟它有什么关系？或者，他是个诗人还是罪犯也不关它的事。爱情就像一只蝴蝶一样不可预测，它停下来，还是不停下来，一个人的理解力对它没有影响。如果它发生了，我们应该让它发生，否则我们会僵化在对抗这个不可预知的感情上，从而导致患身心两方面的疾病。

如果一个人对爱情敞开大门，让它深入自己的内心世界，它会展露其最华丽的容颜。敞开大门意味着，让自己去感受爱、表达爱。可惜许多人对此已经很害怕，担心因为倾慕一个人变成随便可以被人利用、被人伤害，自己完全没有了自我保护力。这种担心表明一个人在与人相处以及独处时的一种心理紊乱。

如果一个人承认自己的爱情，他能犯什么错误？在这件事上什么是错的？"爱情可能会被人滥用，被自私自利的人彻底利用。谁去爱，谁就是软弱而容易被操纵的一方。"一个幼儿园的老师对我说。这种事情只会发生在被占有欲腐蚀了灵魂的人身上。谁如果因为爱情而想独占自己的伴侣，把伴侣当作自己的财产来看待，确实存在跟一个说谎者或者爱情骗子处关系的危险。谁去寻找安全保障，当然会害怕不安全的结果，因此他会竭尽所能避免不安全的因素。他就变成一个会用计谋耍手段的人。

　　谁爱上了某人，在寻找生活的伴侣，同时把自己看作对方潜在的生活伴侣，这人必须被爱情彻底征服了，才会不顾一切，不怕做出错误决定，因为他这是将自己或许今后五十年的生活交予对方。就因为一个人清醒的关注，因为他敞开心扉，因为他无限地欣赏另一个人，因为他感觉灵魂和肉体都与另一个人如此地接近，因为陌生感消失后的幸福感觉，因为享受过那美妙的失重时刻，只是因为这些美好的经历，这些让人在此时此刻忘掉自己的经历——因为这种为了另一个人而忘掉自己的经历，就必须终生对这份爱忠贞不渝？难怪人们灵魂深处的恐惧感会蔓延开来。连蝴蝶也会害怕，如果它被一朵花特别地吸引，因为被这朵花沁人的幽香迷惑而想要停在它身上，可是这朵花却要将它的余生紧紧地裹住，从此不再允许它飞翔。

　　爱情不能够成为责任，它必须有自由才会出现。对爱情不能够强迫人终身忠贞，否则它就像一朵很难绽放的花蕾。如果必须如此，倒不如干脆现实地去寻找婚姻配偶，去寻找一个符合社会标准并在社会生活中起作用的配偶，完全不要想爱情这回事。这样人们也不用担心不能遵守那种"必须对爱情忠贞不渝"的道德观。

当爱情消失的时候，它一般不会在双方身上同时消失。一方绞尽脑汁，怎么都想不明白，为什么他没有能力留住另一方。性生活虽然只是爱情的一个细节，但它确实可以很敏感地显示，爱情消失了，性生活失去了它的灵魂。性生活变成了一种当然的事，变成了纯粹的性交，它不过是两个人的性高潮而已。纯粹对性冲动的安慰和欲望跟爱情一点关系都没有，因为这只是肉体独立的感受，就像柏拉图式的爱情，只是灵魂独立的感受。在过去几百年中，肉体的感受被社会道德压抑，当今正好反过来，灵魂的感受被贬低压制。

如果谁想通过性生活来挽救他的爱情，实在是可怜透了，因为性生活不是通向爱情的必然道路，相反，爱情却可以轻松而简单地让它的歌声在肉体上找到共鸣。我想这样说：是爱情给性生活戴上桂冠，使它超越纯粹的肉体功能，超越性高潮的安慰作用，从而使人在性生活中产生幸福感。

所以通过性生活无法挽救爱情，相反，爱情会因为性生活过后的忧伤消失得更快。谁跟在性生活的后面跑，他便行进在一个错误的方向上。

性在实际生活中是可以操纵的，所以很多人宁愿弄这种简单易行的东西。性可以通过技术指南来学习和运用。但爱情没有技术指南，它是心灵的感受过程，任何实用的技术指南都不会对它起作用。唯一有实际意义的建议看起来奇怪的幼稚和混乱：敞开你所有的感官，用你的眼睛、你的耳朵、你的嗅觉、你的触觉和你的味觉尽情地感受，无论发生什么事情，你自己退到背景上，让你面前发生的事站到前台上来。开放自己，没有恐惧感，忘我的、虚心的，甚至是幼稚的，让自己沉浸在当前发生的事情里，张大你的眼睛，竖起两只耳朵，带着孩童般的好奇心去看去听，当你能做到这一点的时候，你的眼前和当下便不再受往事的牵绊，也不受想象出来的未来的影响。此时此刻，关注、重视、注意力和关心，只要有爱，这一切都来得这么自然，不需要任何有意识的努力，性生活便只是这一切的结果罢了。谁如果脑子里只有性图像，带着这性图像有目的地去跟人交往，他不可能不带成见地去观察、去爱，他被限制住了，就像那些民族主义者或是宗教狂热者一样。有宗教信仰是好事，但教条主义把好事变成坏事。性生活可以是一件好事，但性痴迷将摧毁人们爱的能力。

真正的爱情就如玫瑰云彩一般轻盈而芬芳

恋爱中的人处在最清醒的相互关注的状态，因为这时两个人之间还保持着相当的距离。如果我跟一个事物保持距离，我能对那里发生的一切看得更清楚，距离增强人的注意力。如果这距离消失，两人之间无限地接近，一切将变成习惯，由此带来漫不经心和感觉迟钝。如果一个人爱上另一个人，他会用他所有的感觉器官去关注另一个人，他闻到这个人的体味、她身上的香水，他注意她的脸颊、她的面部表情，他倾听她的声音。爱情将一切感官打开，爱情使人感官敏锐，爱情和敏感总是一同出现，所以我造了一个词叫"爱敏（Liesens）"。

在这种状态中，注意力是不必强求的，因为人们被那些由各种感官接收到的信息深深地感动，自然会更加关注这些信息。因为细心地观察，所以自然而然地更加关注。一个人关心自己的爱人，因为关心而产生敬重和爱慕。爱的产生是通过以下顺序：关心→关注→敬重和爱慕。这一切来得非常轻松自然，人们不必强求什么，既不需要遵守什么道德的标准，也不需要负什么责任。关心、关注和爱慕就这么简单地发生，爱不是一件累人的事儿。

这份轻盈而芬芳的感觉是非常神奇而美妙的，它轻柔得使人如同漂浮在玫瑰彩云上一般。所有的寻觅忽然都结束了，人们感觉到达了目的地，感觉整个灵魂充满安宁祥和。几个小时、或者几天的时间，人们内心不再有不安的感觉，所有的一切都对劲儿，所有其他的问题看起来都可以解决。这就像，人们觉得达到了目标，人感觉更自信，觉得生活更有意义，觉得自己更有价值，对其他的一切也更有信心。

性生活完全不是问题，简直就如游戏般轻松，只需一瞬间的冲动，人的感官就能很快达到最敏锐的状态。肉体、精神和灵魂成为一个统一体，人们觉得自己是完整的，因此也是健康的。生命的能量毫无阻碍顺畅地流淌着，人们再也感觉不到紧张或者发生痉挛。连周围的世界都能感觉到一对情侣散发的光芒，所以绝大部分人都会自然对你更亲切友好。

人们开始发挥他们爱的能力。如果这时候一个人恐惧地回视自己，不断地检查自己，看自己运作的效果如何，便不再有可能全身心投入地去爱。人越是紧张地控制自己，越是用别人的目光来看事情，便越难以简洁迅速发自内心地表达感情。谁不断地用别人的眼光，用父母的、用老师的，或者用身边某个熟人的眼光来观察，他观察事物的能力就受到了限制。如果人们接收到的外界信息已经是经过过滤的，已经是由外人评判过的，他的行为又怎么可能不掺假地自然呢？他又怎么可能快速反应同时保持自己的个性呢？如果对世界的认识都是变形的，人的行为又怎么可能纯洁而真实呢？

以上这段话说明一种往往不被察觉的潜在的障碍，它阻碍人们真正地相爱。我想以此告诉大家，让人幸福给人清新活力的爱情并不易得，虽然爱情的发生应该不费力气，但这绝不表明爱情很容易得到，特别是在心理上不是经常发生。也正因为如此，如果爱情出现了，它会带来如此多的欢乐和幸福感。如果爱情出现，人们处在自然而健康的心理状态，也就是说，人们会处在关心、关注和爱慕的状态。在这个状态中人们会觉得舒适和幸福，因为肉体、灵魂和精神产生共鸣。

为什么这种状态这么难以保持？为什么它消失得这么快？为什么爱情今天在明天就没了？能理解为什么爱情会消失，是很有实际意义的，因为这样人们可以更好地处理恋爱双方的关系，不会将自己拴在爱情上，不会要占有谁，更重要的是，在分手时更容易用心、也用脑子去理解对方。

人与人之间的离与合，总是带来太多的悲与欢，这是我们生活中最大的问题。我们寻找爱情，可总是经历没有爱情的日子。为什么会这样？这个事实的基本原因在哪儿？人们要怎样才能不再需要经受这许多的痛苦和折磨？

距离产生魅力

要想全神贯注地观察某个人或事，距离是必需的。观察对大多数人来说，更多地意味着分析和研究，而不是简单的无意图的观看。如果我一边看一边分析这个人，用我的价值观念来衡量这个人，那么很快我会把他归类，把他收到我脑子里分类管理的某个抽屉里，在这一刻，他对我就不再有吸引力，大部分人都已经没有什么值得发现的了，因为我已经对这人作出了评判。开始时如此有魅力的距离感忽然消失了，与它同时消失的是全身心的关注以及敬重和爱慕，就在这一刻，爱情坍塌破碎，就像烧得通红的火炭忽然化为灰烬。

从爱到不爱绝对不是一个缓慢的、渐进的过程，它往往来得突然，从这一个小时到下一个小时，所有的感觉都变了。刚才我还感觉到发自心底的爱情，它给我温暖让我满足，然后突然，比如说，散了一次步以后、睡了一个午觉以后、吃过一餐饭以后，或者看了一场电视剧以后，这爱情没了。距离感消失了，我感觉跟这人近到让我对他无所谓，精神的、灵魂的或肉体的接近。对这份突然出现的熟悉感，责任不在对方，而在我自己。

距离必然也意味着不安全性。我从小就学习怎样避免不安全的情况，而去寻找安全，所以呢，我就自然而然地试图将另一个人拉到我身边来，这给我一种安全感。当我评价另一个人，将他归类，分析他的特性，最后评判他的时候，我实际上在将一个不安全的状态转换到一个安全的状态。开始的时候我碰到的这个人与我无关，他来自于另一个对我来说陌生的社会环境，他过着他的日子，做着他的工作，有他的朋友圈子，业余时间弄着自己的兴趣爱好。现在我来到他身边，带着我的爱情，带着我关注，带着我的性爱，我插入他的生活，很快跟他熟悉起来。

如果我因为我的爱情对另一个人产生占有欲，如果我相信，现在可以决定伴侣的生活，如果我想将他牢牢拴在我身上，要他放弃他自由安排自己生活的权力，如果他必须在我需要的时候随时在我身边，因为我认为自己对他有提出特别要求的权力，这时候那种让爱情消失的近距离感就会明显起来。经常是在第一次性生活、第一次性高潮以后，人们就觉得可以在对方身上盖上已经占有的印章。

如果我们不带任何成见地来观察这件事，不试图维护任何偏见，结果是显而易见的，谁一旦提出这种对另一个人的占有要求，距离感便立即消失，它是自由的终结，同时也结束了关注、爱慕和兴趣。如果我要占有谁，那么因为自由而带来的清新感随即消失。所有我已经占有的东西，我会把它放在一边，又重新转向新的目标，这是很自然的事。一旦一个人已经占有另一个人，他对其他人或事的兴趣会突然觉醒，那还在依恋的一方很自然地会产生嫉妒，然后很可能开始有辱人格的刺探活动。

每个人都可以在自己身上观察到：当我爱得热火朝天的时候，我对我爱人身边的其他事情不闻不见。我虽然在这时候对我的爱人特别温柔、特别关心，但是我压根儿不会有嫉妒之心，因为我知道我得到他所有的注意力，反过来也一样。身处爱情中的人没有渴望和追求，我感觉沉浸在舒适的宁静气氛中。一旦爱情消失，接下来双方玩着爱情游戏，我已经在大部分时候被其他的人或事吸引，因为不再像原来那么注意对方，我心里也有负罪感。但我又从贴近的感觉中走出来，从那曾经那么让我盼望的安全感中走出来，重新进入另一个迷人的不安全感中。

交谈的秘诀——分享感受

前几天我观察一次谈话。他，大约四十五岁，对她说："我不知道是不是还应该再邀请他，他总是骚扰在场的其他女人，对人一点感觉都没有，完全不知道这让人有多难堪。"她，大约三十五岁，回答他："我今天买了一瓶浅玫瑰色的指甲油，还带珠光效应的，你看见了吗？"

他："我看见了。你应该穿那条黑色的连衣裙，这不那么引人注意，这样他不会来骚扰你。"

她："哎我说，你发觉了没有？克里斯提娜长胖了很多。我这段时间也长了一磅，你觉得针灸怎么样？据说可以减少饥饿感。"

他："我上司也长胖了，而且就只长在肚子上，如果他再不注意，几年以后他的身材就完了。他自己倒是觉得越来越有魅力，整天把个滚圆的大肚子挺出来，好像自己具有不可阻挡的魅力一般。"

她："喔！他呀。我在那家'小意大利人'那里认识他的。我看不出他有什么魅力，不过这家伙不知怎么有点性感，他很会给女人灌迷魂汤，可是喝了酒以后就粗鄙得叫人恶心。"

这两个人的谈话就这么继续下去，从一件事扯到另一件事。没有谁真正关心另一个人的话题，每个人说上两句，没有谁可以真正引起另一个人的兴趣，或者让另一个人与他共同思考，两个人的谈话就这么擦肩而过，或者根本没回答另一个人的问题，或者只碰一点儿边就溜了。虽然两人在说话，可是没有真正的交流，没有什么互通的消息成为他们共同感兴趣的话题。

很多谈话都是这样浮于表面，只靠几个单词联系。许多人接别人的话往往就是一个词，比如说，从指甲"油"到"油"壁纸，然后到装修房子，然后到租房合同，然后到合住房子，如此下去。谈话来回游走，问题是要避免的，从一个主意跳到另一个主意，很多话题被触到一个边，但没人去感受另一个人，没有人能够被触动，时间一分一秒地过去，什么事情也没发生。很少有人能够感受到别人话语的意义，这就如苦思冥想，一个思路在一个圈子里面转，转不出来，这是两个人、三个人或者四个人的苦思冥想。如此的谈话不可能产生交流，这叫没有沟通的联系。我们不应该把时间浪费在这么无意义的事情上。

人与人的交谈，只有在言者能无所顾忌地道出肺腑之言，而听者还能够与你感同身受的时候，这种交谈才能给人满足感。一番话语，一次表白，发表一次意见，述说一个故事，这是给予，是一份礼物，这是我想与你分享的东西。如果对方不懂得你的意思，不知道拿这个礼物怎么办，如果他不能领会你，而是把你的话里面的几个单词拎出来，用来引出他下面的话，然后把他的一堆话扔到你的脚下，又为你提供几个单词，让你再接着说下面的话。如此往复，不会有真正的交流，当然也不会产生爱慕。这种交谈是病态的，我不可能在这种谈话中感觉满足、感受幸福。

如果两个人在交谈的时候可以真的互相给予，可以分享对方的思想、故事和感受，这时他们会感觉到两人之间产生一种联系，他们一步一步地接近对方，他们各自将自己的一部分送给对方，在这个过程中人们感觉非常舒适，觉得受到保护，因为一座桥梁建立了起来，每个人感觉到另一个人的付出，由此也就提高了自己的生活乐趣。

几天前，我在一家艺术人小酒馆里听到这样一次对话。

她："我主要画水彩画，因为我觉得颜料的流淌就像冒险的经历一样，我跟随它的流淌，我不害怕这种偶然状况。"

他："我知道这种恐惧，这种恐惧只有在人想达到一定的目标时才会出现，如果人要一定的效果，比如说，要画得像真的自然界中的东西，例如画红色的虞美人花。"

她："我也画花卉，不过我不要求自己画得像真的，我感觉自己不受那些真花真草的限制，因为我不想像照相机那样复制，我让它在我的笔下自然地发挥，它是一个梦，我是这个梦的见证人。在我画画的时候，会有一个接着一个的灵感出现在脑子里，我不对这作任何控制，我允许所有一切出现。"

他："在你允许所有一切出现的时候，你很开放，这种开放的心态让人幸福，同时给你一种广阔的感觉。你在此时此刻一切顺其自然，不作评价。你过后会对你的画作评价吗？"

她："过后我会评价的，这个时候那个创造的过程已经过去了。过后我会觉得这画好还是不好，这时候我在另一种状态之下。我经常是，站在自己的画前怎么也想不明白，问我自己：这真的是你画的吗？你到底怎么了？我就像一个陌生人一样站在自己的画前。可是今天我觉得不好的东西，也许明天会对我很重要？你知道我其实想问我自己什么吗？我根本就不想评价我的画，我只是想让它在那一瞬间是真实的，在它发生的一瞬间，做事本身比结果重要。这就像爱情，在它发生的那一瞬间，美妙之极，过后却很难再找到它的踪影。这些是昨天发生的事，今天一切都是新的，今天我要重新开始，今天我要重新爱恋，即使是爱恋同一个人。"

他："你说了一个非常有意义，也是比较难以理解的感受。真是不用再多说一个字，再多说反而说偏了。你从一个整体出发，不想受某种风格、某个格局或者某个惯例的限制。"

她："我不是风中一面随风飘扬的小旗，我不是任性轻浮的人，我是非常有责任感的人，请你试图理解这一点。可惜，首先男人们不想理解我，他们害怕这种即时性，他们寻找安全保障、计划、系统、目标，然后还是安全保障。这样我没法画画，没法恋爱，也没法生活。"

不要追求，不要评价

评估一个人对我们来说是非常顺理成章的事，因为我们在幼儿园和学校就开始被强迫面对这一切——对自己和周围的人作评价："这事你做得好，这事西格林德要强一些，那方面是你的强项，在这里曼弗雷德把事情搞糟了。"评估一个人在我们这个以竞争理念为基础的社会里，是这么理所当然的事，没有人去思考一下它的意义到底在哪里。

评价周围的人，然后给人贴上标签是一种灵魂的毒药。一旦我开始跟别人比，我就进入一场竞争，接下来，如果别人比我强，我会产生嫉妒心；如果别人比我差或者比我拥有得少，我又会得意洋洋地觉得高人一等。如果我始终处于嫉妒或者觉得高人一等的状态下，我又怎么可能去爱别人？只有从以上这两种由评价别人和自己而产生的情绪里解放出来，人才有可能具备爱的能力。评估一个人的能力只有在需要共同完成一项工程的时候，才会有意义，这时候最会画图的人画图，最有创意的人向大家报告他的创意，最懂技术的人管技术细节。在选择职业和安排工作上，评估是有意义的。

在体育运动上，最快、最强、最灵巧的被选中，只要这一切是游戏般发生的，人的灵魂就没有中毒的危险。一旦严肃起来，狂热起来，就像如今发展竞技体育，那种让观众参与评估成绩的狂热，它的毒性是很明显的。如果我只是为了评估别人才去关注别人，那么我跟其他人的关系就已经紊乱了。

在一家咖啡馆里我观察两个年轻姑娘。她们简直没法不去注意咖啡馆里面坐着的，或者新走进来的女人和女孩子："哎，看那个穿裙子的人，那么粗的腿还穿裙子，实在是一点都不相配……这个看起来还不错，漂亮脸蛋，不过你看看她走路的样子，一瘸一拐的，马上要跌一跤的样子。看那个肥妞，我要是有她那个斤两，我就不穿这种套头衫。那个，坐那边的那个，好像是掉到煮化妆品的大锅里去了，这人以前肯定是个妓女。"

我们知道沉着冷静是不可追求的，你越是努力追求，神经就越紧张，那么你离沉着冷静会越来越远。所有的求胜好强心必须放下来，所有的追求必须停止，沉着冷静会自然产生。

　　同样，对爱情我也不能强求。只有当我放弃了去猎取爱情，当我不再去争取的时候，爱情才会真正出现。画家毕加索对爱情有过一个美妙的陈述："我不找，我只是找到。"谁要是不断地评估、选择、分类，这一切寻找的过程会把人搞得稀里糊涂，结果是你根本找不到。爱情跟沉着冷静一样是不可带着求胜好强之心去追求的，它们都是不可寻找，而只能找到的东西。一个像毕加索一样伟大的艺术家在工作中发现，只有在他非常放松、不受约束、游戏般地找到灵感，而不是带着某种期望费劲寻找的时候，他的作品才会放射出艺术的光彩来。

　　人们评价得越少，找到的越多。如果我对周围的人，对我每日遇到的那些人不作评价，我可以不带任何成见地发现他。真正的爱情出现得这么稀少，因为大部分人脑子里有一幅固定的画，一根标尺，他们习惯了拿每个认识的人相互比较。我的一个熟人有一天对我说："我要找一个……呃，我看得上的女人，她得是金发，胸脯要丰满，她要爱笑，我需要一个让我心情愉快、懂得幽默的女人。她得很能干、很性感、脚踏实地，我讨厌那种啥事都不会做、娇里娇气的女人。"他还可以继续热烈地说下去，他的这份女人特征单还可以越来越长。我就问这人："你找到过一个这样的女人没有？"他马上很沮丧地回答："没有。"我又问他："你爱过一回没有？"他想不起他曾经爱过哪个女人。我对他说："你今年三十八岁，想不起自己曾经爱过哪个女人。你的爱情受你自己的期望和计划的束缚。你寻找一个图像，随着年岁的增长这个图像还在不断地被抛光，可是在实际生活中你找不到这张画。虽然你知道你想要的是什么，你寻找的是什么，可是你越来越多地限制你不带任何成见地发现女人的可能性。把这张画从你脑子里扫除出去，不带成见、不作评价地简单地投入生活中，接下来你一定会发觉，你终于恋爱了。你评价人越少，越少把自己摆到比别人好或者坏的位置上，你就越容易爱上别人。"

如果可以不带任何成见地与人交往，这真是一种让人陶醉的自由感。谁这么开放，就很容易爱上别人。对此，当然大部分人也有恐惧感。

4. 让别人保持本色

5. 心灵的自由源于放弃占有

所有的孩子，只要他们没有处在不可告人的秘密中，都在紧紧不放地做着唯一一件重要的事——跟自己相关的事，在其中他们感受自己、发现自己，探究那谜一般的自己与周围世界的关系。只有探寻者和智者在经历许多年的成熟过程后又回到这个起点，大多数人却早已永远忘却、也远离了他们真实的内心世界，一生迷失在由色彩斑斓的担忧、愿望和目标混合而成的混乱里，没有什么东西真正发自自己灵魂深处，没有什么东西能带领人回归自己的内心世界，没有什么东西能带人回家。

——赫尔曼·赫塞（Hermann Hesse）

现在我到了这本书最难的一章。说它难，不是因为读它需要很高的文化程度，而是因为，对于这里的思想、见解和认知，大部分人都会用尽全身力气去抵抗。我在这章开始的时候引用了赫尔曼·赫塞的几句话，因为这几句话以一种简单、轻松却又振奋人心的方式预先给人一点感觉，告诉我们什么是从所有的占有方式中解放出来。

儿童的心灵世界里只有一件重要的事，这件事是他们自己，以及他和他周围世界的关系。所以他们着迷于童话故事，因为这里面描述着在谜一般的世界里，一个个具有不同个性的人。小孩子还不会追求物质上的占有，他们虽然对所有新的东西感兴趣，但他们不会去囤积这些东西。一旦他们对这东西的兴趣消失了，他们就把它扔到角落里，这东西对他们的心灵就不再有意义，这不是可以获得盈利的股票。所以儿童是这么的自由，他们不会爱惜东西，这往往让成年人非常不理解。其原因是小孩子不能像成年人一样明白实物的价值，这一点很像动物，比如猫和狗，它们不过是想快乐地活着，它们不可能知道沙发或者墙纸的价值。它们受了几次惩罚以后，也会老实听话不再咬沙发和墙纸，可是它们实在不能理解这么做的意义在哪儿。所以即使是在将来它们也不会去追求物质上的占有，虽然表面上看起来它们乖乖地伏在沙发边。

"只有探寻者和智者在经历许多年的成熟过程后又回到这个起点"，赫尔曼·赫塞说。他的意思是，做跟自己灵魂有关的事，以及探寻自己与周围世界的关系，是人生最重要的事。物质上的占有和维护应该退到后台。探究自己的灵魂，做跟自己的有关的事，这不是自私自利，这不是以自我为中心，这是最自然的事。赫塞说："大多数人却早已永远忘却，也远离了他们真实的内心世界，一生迷失在由色彩斑斓的担忧、愿望和目标混合而成的混乱里。"他谴责绝大多数成年人认为重要的东西，也就是对自己占有的财富的担忧，为达到目标、实现愿望的奋斗，只给人带来混乱和压力。赫塞是欧洲伟大的智者之一，他在这里描述了一个认知，这个认知在心理治疗师艾瑞克·弗洛姆（Erich Fromm）的《占有还是存在》（*Haben oder sein*）一书里也作了非常详尽的描述。占有思维方式带人走入死胡同，真正有意义的，真正能让人幸福的，恰好相反，是一种在我们的工业社会非常稀少的存在思维方式。人们往往迷失在追求色彩斑斓的目标中，"没有什么东西真正发自自己灵魂深处，没有什么东西能带领人回归自己的内心世界，没有什么东西能带人回家"。

一辆新汽车不会带领我回归我的内心深处，即使我开的第一个一百公里美妙非凡；一幢新房子不会带我进入我灵魂的核心，即使看着它让人非常喜悦。我是住在租来的房子里还是住在自己拥有产权的房子里，两者其实没有太大的区别，因为我归根到底只是这地球上的匆匆过客。对物质的占有只是一个暂时的心灵安慰，它造成一个假象，好像人们能够永远拥有它，好像人们很强大，好像人们得到了一个安全保障。可是，其实没有安全保障，没有什么东西你可以永远牢牢握住，所有的一切都被抛入奔腾不息的生命大河中，所有一切都会衰老，墙壁上的石灰会剥落，铁器会生锈，花园里会长出杂草，窗户上的油漆会褪色，没有什么会永不变样，谁要是将自己与那些占有的物质捆绑起来，他将始终生活在恐惧中，生活在非自由状态。

自由意味着放弃占有。即使如此，大多数人还是选择了不自由、选择了占有、选择了恐惧，只要看看人们对永生、对安全保障、对超越死亡的渴望有多么强烈。自由是生活在不安全性里，自由是承认生命的神秘性，是将自己沉浸在这神秘的生活里，它始终都在流动，无时无刻不在探究人自己与周围世界那神秘的联系。

"只有探寻者和智者在经历许多年的成熟过程后又回到这个起点。"让我们放弃内心的担忧、愿望和追求，让我们放弃占有，让我们回到人生真正最重要的工作中来。接下来的章节不是什么启迪文学，也不玩弄什么"自我实现"的花招。在说完了所有关于人类不懈追求的笑话以后，现在我们要严肃起来。如果一个人在爱着，他会非常严肃。让我们坦然地爱我们自己，那么我们自然会严肃地、全神贯注地对待我们自己和我们的生活。

我几乎可以把所有一切当作自己的财产

"每个人都是离自己最近的人。"（德语这句话暗藏的意思跟中文的"人不为己，天诛地灭"很相近）我常常听到这样的话。自己的皮肤是离自己最近的皮肤，我从自己的大脑和神经系统来感受世界，如果我把自己看作我的世界的中心，作为我的行为和经历的中心点来看待，这个至少从心理学的角度来说是很好理解的。当然每个人都知道他不是世界的中心，他知道这世界上还存在着另外四十亿相似的生命中心（在二十世纪八十年代，全世界只有四十多亿人口），否则我们完全可以说这人精神错乱了。

一个健康、有意识的人感觉得到贴近自己的东西，同时他也感觉得到他与周围人的联系。他从别人身上一点点地看到自己的影子。他感觉得到与自己吸进的空气的联系，与温暖自己躯体的阳光的联系，与出产粮食的土地的联系，这所有一切充满活力的东西都交错在一起，相互关联着。所有的一切都不可能独立存在，世上万物都相互牵扯、依赖，每一个个体都依赖于其他的个体。甚至太阳系也是一个系统，在这里面太阳、地球和月亮按照一定的规律相互作用着。月球依赖于地球，地球依赖于太阳。

　　一下子扯了这么远，我只是想借此说明一点，虽然人首先感觉到最贴近自己的东西，在紧急情况下也会出于原始的本能先救自己的命，但是他跟他周围的人和世界的联系从未断过。有一次一个病态的利己主义者对我说："我承认我是个自私的人，我只看得见我自己。我将自己的成就建立在别人的损失上。我觉得自己在这世界上是个外来客，我把这世界以及大自然看作我的敌人，不是你吃掉我，就是我吃掉你。在这个世界上非常清楚的一条基本规则是弱肉强食。所以，我自愿承认我就是一个自私自利的人。我要生存，就得为此斗争，因为其他人也一样把我当成生存竞争中的竞争对手来看待。"

　　这种自私自利的观点虽然不总是这么赤裸裸地、不加掩饰地表达出来，不过很多人都有相近的想法，他们完全可以把自己也划归这一类人。这有什么错的？利己主义者想扩展他的财富，增加他的产业，他追求成功不是为他人做更多的事、与他人分享所得、给予他人更多的东西、为他人谋福利。他追求成功的动力只是他自己，是一种绝对以自我为中心的弱肉强食论，所以他觉得自己在这个世界上是个外来客——从外人到敌人距离实在不远。所有的外人刚开始的时候都被人用敌视的眼光来看待，因为这人有可能真是个敌人，这一点是非常自然的，在黑猩猩群或者原始土著民族里都可以观察到这个现象。

"不是你吃掉我，就是我吃掉你。"这种观点在学校的生物课上，讲到"水里的、平原上的、山区里的生物"时，真是这么说的。所有的生物都以其他生物为食，但是同一物种之间相互驱逐、奴役、残杀甚至为食的事却并不是很普遍的现象。所以，这种同类中弱肉强食的观点是一种谬论。在自然界的同类动物中，往往是一个群体抱成团，互相支持、互相帮助、互相保护。甚至为争夺狩猎地盘而进行的争斗也是一种相互之间的保护，因为由此形成对每个生物最佳的生存空间，使其能持久地生存繁衍。所以，在这种争夺地盘的斗争中，竞争对手并不被杀死，因为如果这样做就违反了生物要保存本物种的基本自然规律。但是当人将自己的对手逼到绝路上去，让对手破产或自杀，或者发动一场战争以达到用"合法"的手段杀死对手时，他却违背了这个基本规律。

"我要生存，就得为此斗争，因为其他人也一样把我当成生存竞争中的竞争对手来看待。"对于利己主义者来说，生活不是对抗自然界中的自然现象，比如寒冷、猛兽、火灾、干旱等，而是首先对付与自己有关的人，他把这些人看作自己的对手和竞争者。这种人已经失去了群居动物对群体的感觉，他在同类人群里面不再觉得自己可以受到保护，可以放松，而是强调一种扭曲变形的争夺领地的斗争。因为在他们的狂想中所有其他的人都是想跟他们争夺领地的竞争对手。人一旦如此，并不局限于一片靠着它可以养活自己的，带鱼塘、森林和小河的田园，就像早年的西部垦荒一样。利己主义者将此推广，对他来说什么都是需要他保卫的领地：他的观点、他的配偶、他排队时的位置、他的宗教、他的道德观、他的民族、他的智力、他的感觉。总之，所有的一切都会被评估，然后被当作个人的财产，为保卫这些财产他必须不断地跟对手作斗争。这样一来，所有的外人都成了敌人，生命的能量被封锁在自己的皮肤里，在锁闭的房门背后我制定出对抗竞争对手和周围一切的计划。从外来客的感觉开始，带着对所有人、对每一个人痛苦的怀疑一天天地衰老直至生命的终结，这时真是所有人都能够松一口气，这个"所有人的敌人"终于死了。

谁把所有的一切当成自己的财产，谁觉得必须不断地捍卫自己的财产，必然是痛苦、疑心重重和僵化的。相反，谁如果不把这一切当成自己的财产，他也没有什么需要保卫的东西，那么他就可以开放地、清醒地、充满好奇地、友好地瞧着这世界，他可以一天天地年轻、一天天地健康起来，他的生命会获得新的活力，他的灵魂会如春花般盛开，他整个人会散发爱的芬芳。

天赋才能和知识学问作为精神财产

只有很小一部分人需要保卫他们的土地财产，也就是生物学上的领土。大多数人不过拥有一套租来的房子、一辆汽车、他们自己的工作能力，也就是说，他们自己。他们需要保卫的领土是他们自己、他们的知识、他们的能力、他们的道德观、他们的宗教、他们的民族等，也就是精神上的领土，他们不是为实际上的物质，为城堡、为宫殿，而是为精神财富，为了空中楼阁。

在一次宗教讨论中，一个天主教徒对一个无神论者说："我可不让你夺走我的信仰。"因为别人发表了对宗教的怀疑，动摇了以宗教为基础的系统，他就觉得别人想"夺走"他的财产、他的信仰、他的精神领土，这些给他保护、给他安全感的东西。

我认识一位艺术家，他不能忍受一丁点儿别人对他艺术品的批评，面对任何对他作品的怀疑他都会大发脾气，猛烈回击。这个人也在捍卫他的信仰，他精神上的财产。没有这个信仰他就没有领土了，他就什么都不拥有了，他就不再拥有他可以附着的产业。许多人附着于他们的天赋才能、附着于他们的智力、附着于他们的民族、附着于他们的宗教、附着于他们的学识，就像在捍卫他们的王国一样。宗教是可以被当作王国的。基督说："我的王国不在这个世界上。"他面对十字架上的盗贼说："就在今天你将与我同在天堂里。"这样没有产业的人可以附着在他们未来的领土上，这片土地要比人们现在居住的地面美得多。我这里不是否定基督本人，他无疑曾是一位伟大的智者，而是针对那些信徒们对其言论的诠释。

艺术家不应该把自己的作品当作领土来捍卫，基督徒不应该想把天堂划归自己独有，他不应该将自己的宗教和别人的宗教划清界限，对别人发动信仰战争，他不应该把自己的学识当作知识财产来看待，当作需要他捍卫的产业。

在学校的时候，有一次我想向我的同桌抄课堂作业，当他发现的时候，用一只手示威似地挡住我的视线，不给我看到他的作业本。由此他发出一个信号，他把我当作竞争对手来看待。我吃了一惊，我以为我们作为同学，都坐在同一条船上，应当同舟共济。特别不让人舒服的是，他的这种举动被老师发现，因而确定我试图抄袭。我的同桌用这种方式控告我偷窃知识。他不仅仅用这种方式拒绝帮助与他同类的人，同时要别人都把我看作一个通过不正当手段获取别人成绩的人。在这一瞬间我明白了，知识是可以被当作财产来看待，并被用来交易的。

人们可以买卖知识、囤积知识、捍卫知识或者大方地给予知识，因为自己能够帮助别人而高兴。我很骄傲我能给予一些东西，如果有人发自内心地要向我解释什么，我也总是非常感激地接受。当时知识对我来说不是财产，不是使我自己成功的机密学问，因为我想将我的知识传给别人，希望引发讨论。直到今天为止我仍然是这样一个人。心理学对我来说不是只属于受过特别教育的人的神秘科学，而是对每一个寻求这方面帮助的人有助的知识学问。

我们不应该把我们的智慧和知识当作自己的财产，不应该用它来提高自己相对于无知者的地位，划清跟无知者的界限。我们应该像海绵一样地吸收知识和经验，但同时应该尽快地将这知识和经验像海绵里的水一样挤压出来，传递给其他人。玫瑰花不给自己保留它的美丽和芬芳，它全都给出去，毫无选择地给蜜蜂、给蝴蝶、给鸟儿、给人，不管这人是罪犯还是基督徒。玫瑰毫无保留、不作评价地散发它生命的活力。我们也应该这样让生命的能量奔流泉涌，不作任何评价。

　　我们每天得到这么多的东西，我们呼吸的空气、明媚的阳光、和煦的微风、闪光的绿叶、值得我们爱的人、其他人可学习的经验，这一切应当不受任何审查地流入我们的体内，然后又奔流出来。只要我有一点保留，我必然要对抗别人。不只外表的攻击是斗争，斗争也包括隐蔽的对抗。由此我想说，我们不应当为了超过别人而囤积什么。在整个人类拥有的财富里，每个人都有他应得的一份。任何人都不应该独占什么精神上或者灵魂上的财产。所有的一切都应该流入我们体内，又从我们体内流出来。我们应该让所有人使用这些财富，因为每个人的精神财富都是其他人的养料，这是对于整个人类开放的爱，这是对生命的肯定，这是生命的喜悦，这是健康和发展，这是让花儿常开不败的灵丹妙药。

6. 在我心理咨询诊所里的对话

我想试着表达一次。我不是在一个不幸的世界里，而是在一个谎言遍布的世界里成长起来的。每一个谎言、每一次捏造，都使我们离不幸越来越近，不幸便来得如此自然而然。

——弗里茨·措恩（Fritz Zorn）
1976 年 32 岁时在苏黎世死于癌症的中学教师，
《火星》一书的作者。

以下诸多与求助者的谈话表明，生活哲学和人生态度对一个人的实际生活会产生怎样的影响，它又是如何系统地阻碍一个人镇定自若、从容不迫的处事态度。谎言出自于大脑，现实生活不会扯谎。

作为心理咨询师的我当然遵守为谈话对方保密的法律，因此我只提取谈话中有普遍意义的部分，而读者并不能从这些提取部分确定具体的某个人，所有法定的保密性在这里绝对得到保障。因为这个缘故，所有这里给出的姓名都作了更改。

这些谈话被我重新收集整理过，它们不是按照时间先后顺序来排列的。对我们的论题无关紧要的过渡性谈话，以及重复和细节部分都被省略了，因此有可能使读者产生错觉，好像我对于这些求助者的解释和指导来得过于快速，甚至有点突兀。其实在实际咨询中，一切要慢得多，也困难得多，需要长长的热身慢跑，然后才进入点燃思想火花的光明大道。知道这一点对判断整个谈话有很重要的意义，这里不是对整个谈话一对一的记录——也只有专业人士对此感兴趣，而是接近生活的写生画。

我生活中最大的问题是爱情

雷纳特·T.，二十八岁，大学生

雷纳特："我信基督教，我是很虔诚的。我读到你的那本书《爱》，简直震惊得要颠覆我的信仰，因为这种独立自主的二人关系跟我对婚姻和配偶的观念完全不吻合。你说爱情的产生颇富诗意，它就像蝴蝶一般，它飞过来，停在它刚好喜欢的一朵花上。而蝴蝶是这么野，它绝对不让人训练它。"

"是这样。爱情是野的，它不让人训练它，你也不可能把它关在笼子里。如果你试图把它关起来，它很快就会死。蝴蝶在监牢里活不长，因为它不能自由地飞翔，它就会死去。它的死是因为不能自由地过上天赋与它的自然生活。蝴蝶在生物界属于低等动物。动物的等级越高，越能适应囚禁生活，人由于其高度发达的大脑和神经系统属于最高等级的生物，人也最能适应囚禁生活。但是，人们不能因为他有这个能力就认为他应该过囚禁的生活。我们不应当把一种应急的能力当作美德来看待。一个人可以在铁窗下面过几十年，但我们不应该把这种生活当作值得追求的目标来看待。人可以忍耐囚禁生活，他可以适应这种生活，他能够找到合适的方式来生活，但我们也不应当忘记，人是为了自由、自主、发挥和创造而来到这个世界上的。"

雷纳特："你把爱情看作一种欲望，还是其他什么东西？"

"爱情不是一种欲望，它不是性欲。性欲有它生物学上的作用，这作用是物种的繁衍。你可以这样看：肉体是如此清醒、积极而有活力，它要尽情发挥它的生殖能力，不过如此。肉体就像春风中的花朵，它不认识什么是道德，也不认识什么是爱情，它完全放松，一点儿不紧张。爱情是灵魂领域的东西。肉体给人能量，灵魂却会超越肉体，进入精神和情感世界。

"蝴蝶只活在肉体这个层次上。物种的等级越高，灵魂生活也越重要，人在心理上已经具备了最高的发挥自己潜能的可能性，可惜这里只能说'可能性'，因为大部分的潜能没有被人利用起来。你可以僵硬地停留在肉体这个层次上，但你不会满足，因为你的灵魂需要发挥，这是非常自然的事。反对灵魂发挥的是精神，它总有什么要抱怨，它总是知道得更多，它带给人规则、系统、人生哲学、道德、升华、合理化，以及整个儿没完没了的讨论资料，你知道的肯定已经足够多了。如果你真的在爱，你不会再去讨论，你不用再没完没了地思考，你根本就不需要到我这里来寻找答案。如果你没有真的在爱，因为你的大脑阻止你去爱，你就会提出一个又一个聪明而又更聪明的问题。"

雷纳特："听着你的回答，我怎么觉得很烦躁不安，我觉得受到了攻击。"

"我不是在攻击你，也不是攻击你这个人、你最核心的部分，我只是告诉你，爱情发生在灵魂的层面上。肉体提供能量，它是一切的基础，而精神，也就是思想，许多思想的内容对于人，只不过是齿轮里面的沙子。我只是说一个事实，你就觉得烦躁不安，因为当我说，你的那些聪明问题压根儿就没有提出的必要时，你觉得自我价值受到了侵犯。有一点我使你清醒过来：你对爱情思考得过多，而这恰恰阻碍爱情的出现，这一点损害了你的尊严。"

雷纳特："你这么说让我更加难受，我觉得自己像个受惩罚的蠢孩子。"

"你今年二十八岁了，在大学里学心理学，不久就要毕业了，还会突然觉得自己像个孩子一样傻。你以为你知道得很多，已经看透了人的灵魂，现在突然发觉还有未知的新领域。你该为此高兴才对，你应该庆幸有机会将爱情放在另一种光线下来观察，敞开怀抱来欢迎它，千万别用手遮住自己的眼睛。"

雷纳特："如果爱情只是一种与实际用途毫无关系的心理现象的话，如果它只是一次在二人世界里的自由发挥的话，人们可以对它有所期待吗？"

"你想期待什么？为什么要期待什么？"

雷纳特："治愈由生活造成的心灵创伤，得到安慰，受到保护，结束孤独的生活。"

"你想从爱情里得到一些跟爱情毫不相干的东西，治愈创伤、安慰、安全感、有人作伴，你想从爱情中获得一种心理治疗。恋爱是一种治疗过程，这没错，它让我们的灵魂更健康，它确实起治疗的作用，就像任何其他发挥自我的行为一样，而任何阻碍我们发挥自我的事都是产生疾病的根源。"

雷纳特："我对爱情的要求太高了吗？"

"你的要求不是太高，而是你不应该对爱情期待不可能的事。治愈你的创伤、受到保护、安全感、摆脱孤独感，这一切应该由你自己来解决，不靠爱情的伴侣，他不是为管这些来到你身边的。要治愈灵魂的创伤你需要专业人士，需要心理医生。要受到保护和获得安全感你需要父亲和母亲——你理想中的父母。要摆脱孤独你需要接触其他人，需要社交。爱情的发生却完全在另一个层面上。如果你，比如说，说你爱我，因为我护理你的创伤、给你安慰、给你安全感、让你不再孤独，我会很悲伤，因为我虽然觉得被你使用，却不觉得被你爱。你应该对我说，你觉得与我心灵相通，跟我在一起你忘掉了时间，你根本懒得去想什么孤独不孤独的问题，你根本不去想什么安全和受人保护的问题，因为你此时此刻的感受是那么的强烈。"

雷纳特："我怎么可能从我自己身上找到受保护的感觉，如果爱情都不能给我的话？"

"爱情不能给你这个，它不是解决问题的出路；或者它也会给你安全感，不过完全是无意的，不可事先计划的：当你在爱着的时候，安全感从你自己身上产生，因为你在这一瞬间身心都得到了升华。但是，安全感绝对不可以作为恋爱的目的，人一旦这样想，只一瞬间，爱情已经消失了。永远不要对你的爱情提出什么要求，比如受保护感、安全保障、驱赶孤独，永远不要带着这些期待走近你的爱人身边，因为就在这一刹那，爱情已经开始退却了。它是一只野兽，它不让人把它关在我们的期待、希望、道德观和原则的牢笼里。爱情必须是野而自由的，它要求极致的泰然而放松的人生态度。"

我一直感觉很紧张

罗尔夫，三十六岁，已婚，自由职业记者

罗尔夫："我其实可以满意了，我跟一个不错的女人结婚十年了，而且我事业上也算小有成就。尽管如此，我怎么总觉得浑身不对劲，我总是紧张得很。我感觉身体健康，没什么器官性疾病，可是我这内心的紧张感好像总也消除不掉。我经常早上六时就醒了，尽管我还可以多睡两个小时。醒来以后我会突然有一种奇怪的想法：这真是个奇迹，我居然还活着。活着真美好，可是我怎么就感觉不到活着的喜悦呢？我到底怎么了？客观地说，我找不到不快的原因，我没有什么大事需要担忧，对我太太我也没什么可以抱怨的。我相信我缺乏生活的乐趣。我时常产生一种恐惧感，我又不知道自己到底怕什么。"

"在你的描述里有两个重要的词：紧张和恐惧感。你不冷静、不放松、不从容。是什么原因让你不敢放松下来？"

罗尔夫："我只是觉得可能是这样，但我不知道自己到底使劲抓住的是什么东西。我有许多小问题，比如税务问题，有时工作任务比较难，还有我积极参加和平运动，我牙齿不好，有龋齿，还有我的婚姻就像喝白开水似的越来越无聊。"

"这些都不是你紧张和恐惧的原因，这些只是冰山的一角，只是表面上看得见的部分。真正的原因隐藏得很深，被你自己挡住了，被压抑在你潜意识底下。你应该从现在开始，不再对这些压抑视而不见，应该打开你灵魂的大门，让明亮的意识奔涌进来。你花很多的时间做对自己的审查工作，你花时间花力气对抗那些试图浮到意识层面上来的东西。如果你真的想不再紧张，首先要放下所有的阻碍物，将那些压抑的东西一点不剩地释放出来。你不能再仅仅因为自己真实的感受不符合目前的生活构想就逃避自己，逃避这些真实的感受。你怕那些被你压抑的东西，所以你花大力气来将它们沉沉地压住。打开闸门，让它们奔流出来，比如说，现在，就在此时，如果你愿意的话。或者在家里，通过写日记或者通过诗的形式。你的职业是写作，写作会对你有好处。我知道你通常是为了某个编辑部的任务而写作，你写起来并不自由，而是受到编辑部要求的制约，因为人家付钱给你。所以，我建议你为你自己写一次，做一次你自己的客户，这也是诗的秘密，它来自于自己的授权，它流淌出来，不带任何外界的干扰和对自己的审查，这就是自由，这之后你自然会觉得放松和从容。"

罗尔夫："我一般不作诗，我不是诗人，就如你说的，我是个根据任务写作的人。写作对于我来说，只是为达到目的的手段，我只是为了挣钱。真实的东西我往往不能写，我被要求回避这些东西，因为搞得不好就把我自己绕进去了。好吧，我试试看写写私密日记，记录一下我的灵魂历程。不过撇开它不说，我还想跟你谈谈我的紧张感。"

"如果你真的想，而不是强迫你自己，那么说吧。"

罗尔夫："我想试试把那些压抑的东西取出来。我相信我确实是处于那些压抑的东西、那些谎言和自我欺骗的压迫之下。我活得不真实，我过的不是让自己幸福的生活。我追求金钱，虽然从另一方面来看我已经确认金钱不能使人幸福。在工作上我寻求认可，但那些赞扬又不能使我满意，因为我知道那些都并非出自真心，我所做的事没有意义，所以那些赞誉也没有意义。追求那些无聊的认可使我离自己真正想要的东西越来越远。无论我到哪儿，总是被谎言包围。我欺骗我自己，也欺骗其他人。过去的五年我没一点进步，甚至还退步了。我没有发展自己，而是越来越僵化、越来越孤寂，我觉得我的内心在一点点地死去。这些东西我现在才想起来，听起来好像很可笑。我突然觉得很乱，没法清醒地、有秩序地思考，有一种神秘的力量在逼近我，它威胁着我，我感到恐惧……"

"这是很自然的事，真相想挣扎浮出水面来。你说你觉得自己越来越僵化、内心正在一点点地死去，这说明你没有让生命的能量自由流淌。事实的真相躲在你自我控制的高墙之后窥视，这里肯定会产生恐惧，而且你会觉得混乱不堪。这时你突然停下来了，你不能再说下去，因为你发觉如果你再说下去就威胁到你的立足之地，威胁到你多年辛苦建立起来的安全保障。你对这恐惧感的反应就是马上停止思考这些问题，这样恐惧感好像又消失了，所有的一切又回到从前。我没有力量做什么灵魂手术来开启你的闸门，你得自己打开，你有能力自己打开闸门，伫立在洪水中。"

罗尔夫："我试试看。好的，我知道我有恐惧感，我要克服这种恐惧感。"

"你不必克服恐惧感，你完全可以静静地体会这种恐惧。尽管恐惧，而不逃避它，勇敢地面对它。感受这恐惧，但不要让自己被它吓倒。恐惧感是事实的一部分，接受它。"

罗尔夫："好的，我知道你指的是什么了。我彻底放松自己，让自己的感觉流淌，让它从我紧张恐惧的闸门后奔流出来。我看到，过去这几年我做的事差不多都是错的，我不再爱我太太了，虽然我在床上还行，但我不过是完成任务一样地干那事。我确定我不想这样活着，我发现自己一天天地慢慢死去，我没有发挥自己，我假装爱我压根儿没感觉的人，面对我真正有感觉的人，我要拼命压抑我的爱和温柔。最主要的是，我正在失去我最真实的部分，我附着在那些所谓合理性上面，眷恋着安全保障。我感觉自己就像一个可怜的混蛋。"

"起先是恐惧感，它阻碍你继续前进，现在是自我贬低和自怜。接受你的恐惧感，接受你的渺小。你只是宇宙中一粒不重要的灰尘。不过不要停留在这里。经过这一步，你会取得一个重要的认知，因为在那个胆小怕事的混蛋背后藏着一个独一无二的精彩人物——一个真实的你，这个你与你对自己的评价毫不相干。自我贬低是一种反抗的表达方式，接受它，不要停止脚步，你会发现恐惧感自然消失了，而你终于开始发挥你自己。你的那些衡量尺度都是从别人那里拿来的，扔掉它们，扔掉这些包袱。"

罗尔夫："现在我终于渐渐明白了，你指的沉着冷静和泰然自若是什么意思，放开所有的一切，恐惧感、适应他人、事业心、虚荣心、评价自己和他人，只有在这之后，我才会回归我自己。"

"你明白了，现在我们可以继续谈下去，如果你愿意的话。"

我偶尔会觉得很轻松自由，但不多久内心又重新被囚禁起来

汉斯，三十二岁，店主，离异

　　汉斯："我差不多把你的书都读过了，常常十分认同你的观点。读着你的书，我会突然觉得自由和轻松，有时甚至觉得长上了翅膀——我觉得轻盈得要飞起来，觉得自己在缓缓升起，升至白云上面随着它飘浮。我可以将这美妙的感觉，这么说吧，把握几天的时间，然后它就消失了，我又回到黑暗中摸索，我又被吸回到由日常生活中各种各样问题组成的无底洞里，我又被日程表、计划、目标囚禁起来，而且我又不能宽容对待我周围的人了，我又变得没耐心、变得易怒。我完全知道这是不对的，我又回到以前

的状态，对此我很生自己的气。"

"生气完全用不着，这没必要，主要是，你发觉了这一点，这很好。保持这一清醒，却不要停止在这遗憾中，找到事物的相互联系。首先让我们一起来探讨一下。解决问题的方案，在我看来，在你对问题的描述中已经很清楚了。你使用了这些短语：被吸进无底洞，被日程表、计划、目标囚禁起来，不宽容，没耐心，易怒。这一切其实是一些心理疾病的症状，每一种症状与另一种症状相吻合，各种症状相辅相成。你觉得要窒息在里面，直到你又翻出我的书，比如说《生活的艺术》(*Lebenskunst*)，读上几个小时，或者几天。可是你想永远解脱出来，自由自在地生活，沉着冷静地面对人生，不想再为某件事、某个计划或者目标所束缚。希望你本人也已经很清楚，在我们观察问题的时候，解决问题的方案已经摆在那儿了。这就是，不要被日常生活中的各种问题所囚禁，保持随机性，保持自己的个性，做你自己。这意味着在任何时候你自己决定自己的行为，不受外界的制约，尤其是不要强迫自己做计划的奴隶，这样你就不再被日程表所囚禁，你自己决定在这一刻要做什么，而不再受日程表的统治。不要再做什么遥远的大计划、不要再去追求什么大目标，抛开这一切，你遇事自然会保持沉着冷静。我不是说你应该完全没有目标，不是说要你漫无目的地东游西逛，而是跟你的目标保持距离，顺其自然，没有什么目标是一定要实现的，事业心不要太强。

"在工作中当然要做计划，比如说，我怎样比较经济地完成一件事。这时候你使用大脑这个思维工具，但是不要过分要求你的灵魂，保持全瞻性，做你自己的主人，这是你的计划，你可以随时改变它。你的计划不应当是你的上司，你不应当是计划的奴隶。这样你自然会宽容，会有耐心，会沉着冷静。如果你事业心太强，你不可能宽容地对待其他人，他们挡在你的路上，他们的错误刺激你，你很容易发怒，如果出现问题，你无法忍受，这样你自然没耐心，烦躁不安。如果你催促着别人做事，你能感觉到他们的反抗，感觉到他们试图打破你，你想贯彻自己的意图，迫使其他人听从你，这所有的一切相互关联。你容易发怒，因为一遇到困难你就害怕完不成计划，你定的目标不能按计划完成，等等。你不跟你的目标保持距离，那么所有的无所畏惧、所有的沉着冷静、所有的泰然自若都将消失，这是很自然的事，因为这是心理学的原理。你不可能一边努力追求目标，一边还没有恐惧感、充满爱心、宽容待人。你不可能用冰块来煮咖啡。

"你得自己做决定，你是想从容镇定、自由自在地生活，还是努力实现一个伟大的目标？二者兼得却是不可能的事。你可以自由或者被囚禁。如果你自愿选择你的牢笼，而且对你的处境非常清楚，这也可以，因为你的被囚禁状态给你一份承诺。但是如果你想呆在牢里，因为这样更舒服些，但另一方面却想做一个自由自在、不慌不忙的人，因为这样更健康、更符合人的本性，那么这时候就开始了内心的矛盾：你得自己做决定，而做决定有时是不舒服的事。你得为你自己着想，不要被别人所左右。这是件难事，因为至今为止，你常常是靠别人做决定的，比如父母、学校里的老师、工作上的师傅、上司、国家、宗教。至今为止，总是别人告诉你什么是对的，你应该做什么，这样你才会得到好处。现在你读了一些关于幸福和自由的书籍，你明白了这指的是什么，你已经知道自由是什么感觉，然后日常生活又回来了——沉着冷静忽然消失，你马上又开始雄心勃勃，因为你多年受的教育让你变成这样，就像行为主义者所宣称的那样（见巴普洛夫的条件反射论）。那些训练你产生反射的条件（指青少年所受的各种教育），对抗着你内心对自我发挥、幸福、宽容和灵魂健康的渴望。书你已经读得足够多了，而且从理论上也理解得足够多了，你现在所要做的，是严肃认真地做一个决定，而且这个决定不能像过去那样受外界的影响——然后走一条新的路，这条路本身就是目标，所有其他的一切会在走的过程中自然发展。首先放弃，即使恐惧、即使胆怯，以及所有与它相关联的东西。"

汉斯："请帮助我放弃吧。"

"我通过这次谈话帮助你，但你不能希望我把你从你附着之物上扯开来，这要靠你自己来完成，不要让别人来推你撞你。你得自己松手，勇敢地站在自己的恐惧感面前，我没法替你拿走你的恐惧。不要看我，我不是你的先例，你是另一个人，你永远不会变成我，你应该变回真实的你自己。你跟我的开始就不一样。细心观察你自己，你的雄心壮志，你的缺乏耐心。不要看着我，而要看着你自己，因为这是你的自由。越狱逃跑的人得自己越狱，他不能去盯着历史上越狱的人，否则会失去力量和注意力。我们二人的联系只是自由这个现象，如此而已。当你气馁的时候，我可以给你勇气。但是，如果你自己做不到的话，我不是安慰者和同情者。我可以不断地带你回到这个起点，在这里你要做一个决定，打开这扇门，投入自由的怀抱。这条路就在这里，就在你的脚下，就在此时此刻。"

汉斯："现在我害怕了。"

"这很正常。不过你没有时间压力啊。任何时候都可能忽然间你走出了这一步。"

你是一位科学家、哲学家，还是哲人？

若丝维塔·P.，四十二岁，牙科医生，已婚，两个孩子

若丝维塔："我认识你很久了，差不多有十五年了吧。现在我的婚姻出现了问题，想来向你讨教。我问我自己，你到底是谁？我到底是坐在谁的对面？一位心理学家？那么你是科学家；或者是一位研究人生哲学的哲学家？也许竟是一位哲人？我希望你能给我在一般心理医生那里不一定能得到的指导和帮助；或者你是一位艺术家，在你想象的世界里修建着一座远离现实的艺术殿堂，你只是在为世界描绘着一幅艺术品？你看，我已经认识你这么久了，而且我也读过你的几本书，虽然没有深交过，但我不知道你到底是谁。"

"这个，你没能简单地定义我，把我随便地归类，贴上标签，收到抽屉里去，这个对我是很大的恭维。我想简短地回答你，不过不相信这能真正帮助你解决你的婚姻问题。我在大学学的是心理学，毕业之后却没有留在大学里搞研究，所以从严格意义上来讲我不算是大学里的科学家，但尽管如此我觉得自己从广义上来讲是一名科学家，我写的书是建立在心理学、心理分析学、医学和社会学的基础上，但我不是在严格的、教条的、保守的系统下工作的科学家。因为我也是哲学家，同时上过大学的哲学系，尤其在大学里学过哲学人类学。1967 年我在图宾根大学的波诺教授手下以最优成绩通过哲学考试，如果大学成绩对你来说很重要的话。我却不觉得这有什么重要的。我将心理学和哲学联系起来，这两门学科对我来说是不可分的。我感觉自己是独立的、自由的。如果你想把我看作一位哲人，你可以这样看，因为这所有的一切都与人生的智慧有关。如果谁把自己称作哲人或者艺术家，很多人都会嗤之以鼻。我知道自己正行进在智慧之路上，而且与此同时，我也在走一条艺术家之路，当然我不是指人造一个远离现实的虚幻世界。另外，这所有的一切当然不可能不与人相关。

"人们习惯于将人贴上标签，他是科学家，这人是哲人，那人是艺术家。我觉得这些划分是有害的，因为其间的过渡是如水一般流动的。如果你进一步去看，会发现科学家、哲学家、艺术家和哲人都融汇到一起，这是很自然的事。"

若丝维塔："或者是这样，你现在所想告诉人们的，是一种新的宗教，你也许是一位通过宗教来改变世界的改革家？"

"如果你再继续思考下去，必然会由此归纳出一种宗教意识。科学、艺术、哲学和宗教最终融汇到一起，合而为一。你真的想在这里讨论这些吗？你到这里来是为了对自己的婚姻问题有个清醒的认识。"

若丝维塔："我想首先搞清楚这些基本问题，然后我才能判断，你是不是有可能在我的婚姻问题上给我指导。"

"如果我建议你离开你的丈夫，或者建议你留在他的身边，那么你就得完全跟着我的指示上下左右地摆动，那么其实也就无所谓我到底是谁，科学家也好，艺术家也好，哲人还是圣人也好，其实都一样。你寻找一个有能力的人，一个你可以盲从的人，然后想要他给你的人生做一个决定，而你只不过需要听从尽可能最有能力的这个人的指示。你试图推卸自己的责任，因为到时你就可以说：'我是相信了那个科学家、哲学家或者哲人的话的。'我给你一个建议，别把我当成一个什么权威，我不想你只是像听从一个权威一样地听从我，而是要跟你一道仔细审视你的问题。我会帮助你引来一束光线，让你能在明亮而清晰的意识里更好地自己做决定。我所能做的，是照亮你的问题，让你看到什么是错误的，帮助你清除乱七八糟的障碍物，让你能更容易看清你自己，这就是所有的一切。当然这也不是那么简单的事，因为我必须将自己摆到你的位置上，我得弄清楚，你的阻力在哪里，你到底在哪里卡死了。"

若丝维塔："那么你不为我做决定？"

"当然不，我指出你僵化的地方、你错误的思维，我发现你的误区，但最后你自己来做决定，因为我只是将你引入你自己。我永远都不会说，跟着我走，我只会说，跟着你自己走，我给你指出这条路，这就是所有的智慧。"

若丝维塔："这里就是我的问题，我不知道怎样跟着我自己走，所以我需要一个被公众认可的权威的指导，他当然知道得比我多。"

"我不可能为你做决定。我可以告诉你，你是怎样陷入你的冲突里的，事情为什么会到这一步，因为我们人类的心理自然规律就是这样。我试着把你摆到一个位置上，让你能更清楚地观察自己目前的状况，那么你能自己找到必需的指导——这些指导应该从你自己身上产生出来。当然我可以规定，做这个，别干那个，但是这么一来，你只是顺从了权威，而没有深刻理解自己的所作所为，也不会完全坚守自己的信念，你的心不会跟着走，那么你所做的事也不会有力度。好，现在让我们共同来探究你的婚姻问题，争取今天能发现问题，并找到解决的方案，为你解决问题的行为找到推动力，使你能重新舒展自己的翅膀，自由地翱翔在蓝天里。"

我想享受生活，我做错了什么吗?

曼弗雷德·B.，四十岁，离异，自由职业小出版商

曼弗雷德:"我已经离过两次婚了，每次都是因为我，是我觉得我的配偶太无聊，也就是，你知道吧，我总是出轨。我因此感到很内疚，觉得自己真不是一个好人，因为我不能忠于我的婚姻，也就是说，我没本事守住爱情——这是其一。目前我跟一个女朋友住在一起，她催着我结婚，可是我不想结第三次婚，说不定五年后第三次离婚。每次离婚都搞得我身心两方面精疲力竭，因为我的两位前妻显然对我很失望，她们痛骂我，在经济上逼着我给出很多补偿，这让我觉得自己从来没有被她们爱过。谁在离婚的时候只想着要钱要东西的，不可能曾经真正爱过，你说是吧。

"我想享受我的人生，如果这一点不可能跟我的恋人达成共识的话，我宁愿分手。我这样是不是很自私？我的朋友熟人都说，做人应该负起责任来，纯粹地享受生活是不现实的。他们还说我是一个只会爱我自己的利己主义者。可是我说，这些人没说到点子上，因为我很慷慨，重义轻利，从来不占别人的便宜，我只是想真真实实地爱，拥有正直而真实的感情，不过如此。这是自私自利吗？我一下子提了这么多的问题，这里我想把我的问题精确化：我怎样才能没有负疚感地、开心地享受我的生活和爱情，而不用重新被逼到结婚的墙角里去？如果只凭感情其实我蛮愿意跟我现在的女朋友结婚，那她会超级幸福。如果她幸福，我也会很幸福。可是我害怕承担责任。我不想第三次这样被痛骂。尽管如此，我觉得自己对不起她。我这人是不是不太对头？我怎样才能变得可以信赖呢？你看，现在我又扯远了，还是没能停留在一个问题上。我彻底对自己没了信心。"

"我完全明白你的问题，这些问题只是看起来不太一样，其实它们最终汇聚成一个问题：如果爱情在此时此刻发生了，我可以享受它吗？如果爱情消失了，我是否有责任继续爱下去？这个问题也可以这样来表达：我是否可以不带负疚感地享受此时此刻的生活，如果我不能保证将来可以重复这一幸福时刻的话？你想知道，你是不是一个有罪的利己主义者，只知道享受眼前短暂的时刻；或者你是一个忠实的、有责任感的、可以信赖的生活伴侣。

"如果你想享受，那么你应该承认这一点，向你的恋人诚实地坦白，而不怕因此失去她。如果你假装你的爱情会忠贞不渝，会天长地久，如果你假装将来会跟她结婚，如果你只是为了让她幸福、只是为了得到她的爱情就随便说这些话的话，我认为这是不对的。你应该保持诚实本性。追求享受的人费尽心机养护他的享受，一个幸福的人是随机的、即兴的。做一个幸福的人，不要做追求享受者。幸福的人是天真的、忘我的，所以也是圣洁的、无辜的。追求享受者计划他的享受，他工于心计，使用手段，玩着假装能重复幸福时刻的游戏，他当然有一天会被人指责不守承诺，而成为有罪之人。去无辜地感受幸福，而不要把这种幸福当作游戏的乐趣。寻找乐趣的人会害怕失去那个给他带来乐趣的人，一个幸福的人是自由而无牵绊的。我的人生哲学是自由的学问，而不是贪婪和情欲至上的学问。"

曼弗雷德："我被你搅得头昏脑涨的。这么多的名词，以及它们的意义，我一时还弄不清楚，难以区分它们之间的不同。"

"我很高兴你这么诚实地承认这一点。我会把我刚才讲过的话用其他的方式再给你讲一次。现在请仔细听，不要作任何评价，安静，别说话。我们想点亮一盏灯，这就是一切。"

恐惧和愤怒损伤我的心脏

罗尔夫·K.，四十二岁，经济师雇员，已婚，两个孩子

罗尔夫："我有五年的时间心脏有问题了，比如说心律不齐，这让我挺害怕，现在又出现心脏疼痛。医生查不出什么器官性的问题，他们建议我每天跑一公里路、戒烟、减肥。这所有的一切我都照做了，可是这些症状却没有消失。特别让我害怕的是，我知道我已经到了四十二岁这个可能发生心肌梗塞的年龄。"

"过去十年中，美国科学家在预防心脑血管疾病领域，做了许多不同的研究项目，这些研究表明，带有所谓危险因子的人群，如高血压患者、胆固醇超高的人、肥胖者、吸烟者，一部分按照目前例行的预防和医疗手段来治疗，

另一部分完全不治疗，其结果是两者没有什么太大的区别。甚至是，接受治疗的人群死亡率还要稍微高一点。这一结果表明，那些迄今为止被看作危险因子的因素，完全不是那么有决定意义的，至少，想要通过改变这些因素来预防心脑血管疾病的效果不大。另一项研究表明，通过降低高血压不会减低心肌梗塞的发病率。医学工作者应该在这里做一番反思了。现在已经到了紧迫时刻，因为心血管疾病已经成为工业国家导致死亡的元凶。另一项研究表明，百分之八十六的男人带着这些所谓的危险因子健康地活着，而另一些人却死掉了，虽然他们不吸烟、锻炼身体、不肥胖、吃植物黄油代替真正的奶油。

位于美国旧金山的行为医学研究所的著名教授锐·H.罗森曼指出，现在唯一真正的致病原因是心理因素，比如发怒、着急、恐惧、刺激。欧洲对抗心脑血管疾病机构的秘书长赫尔格·安费德也完全同意这个观点。十二年来我没有讲过、写过别的东西；我一直认为，恐惧和愤怒损伤人的心脏！我这里当然不是说吸烟健康，也不是劝人不要运动，更不是说肥胖和高血压是值得追求的东西。这些当然不是有益于健康的。但人们应该把目光从单纯的身体疾病转移到观察我们的灵魂世界上来。我说：不是一个健康的肉体就一定能造就一颗健康的心脏，而是一个健康的灵魂照亮人们的肉体，从而自然而然地造就一颗健康的心脏。"

罗尔夫："如果我在办公室或家里生了一场气，同时感到恐惧和怒火的话，也就是说，当我的灵魂和肉体处于一个冲突状态的时候，我确实感觉我的心脏病症状会加重。我常常说，我这人不管碰到什么事儿都反映在心脏上。换了另一个人也许会在肾脏上出问题，在我是马上出现心脏问题。那些医生说，我大概会永远这样了，因为我的心血管系统是我的薄弱环节。"

"当然也可以从这个角度来说，这当然也不完全是错的，因为如果你的心脏对灵魂所受的折磨反应了一次，而且还重复了几次，这很可能就会发展成慢性病。恼怒→心脏疼痛，恐惧→血压升高，急躁→心律不齐。

"人的肉体和灵魂是不可分的，它们彼此依赖，相互共存。我们的民间有很多反映这种关系的俗语：我胃里装着消化不了的东西；我得把所有一切都咽下去；我的皮肤下爬着什么东西（德国人认为人被深深地感动的时候最先反映在皮肤上）；我的胆汁要流出胆囊了（德国人用此反映自己的愤怒）；这搞得我呼吸不畅了；这撕碎了我的心；我脊背发凉（害怕）；我口水突然都干了（惊吓）；那事让我鼻子都塞住了（生气、感动、懊恼）；对这事我居然又瞎又聋；我得绞尽脑汁；等等。我们的老祖宗几千年以前就发现的、由于心理变化而产生的生理现象，只有现代的医学工作者加上那些医疗保险公司对此熟视无睹，只要看看几乎所有的医疗保险公司都不愿支付心理治疗费用（这是二十世纪八十年代，现在已经好多了）这一点就一目了然了。虽然作为具体的个人，他们也知道人的灵魂和肉体紧密相连，根本就是不可分离的整体。甚至，灵魂比肉体更重要，因为是不幸的灵魂使肉体致病，使器官产生病变，而单方面通过治疗肉体是无法根治这些疾病的，只有通过心理治疗才能从根儿上治愈疾病。

"在民间俗语里，人们对肉体和灵魂统一性的表达主要在气恼、惊吓、愤怒和恐惧这些方面：气恼会重重地积压在胃里，气恼把肚子咬出一个洞来，皮肤下走着惊吓，胆汁因为愤怒而狂流，气恼伤肾，恐惧使膝盖发软，惊恐使人呼吸不畅，气恼和愤怒撕碎人的心脏，脊梁骨上爬着恐惧和怒火，口水因为惊吓都干了，惊恐使人失去视力。但是，灵魂当然也有正面的影响：乐得心儿怦怦跳；眼睛里闪耀着幸福的光芒；心上的一块石头落了地；呼吸急促，所有的饥渴感都消失了；喜得脸都红了；馋得流口水；面部表情因为爱情而变得温柔而放松；幸福得声音都颤抖了；当知道终于抵达了目的地后，人的动作变得平静而松弛，呼吸变得深沉。

"人的心脏是我们肉体与灵魂这个统一体里最重要的器官。心脏虽然不是灵魂的核心，但是，因为心脏的跳动将血液通过血管输送到身体的每一个部位，这又使它成为我们内在活力的核心感受器官。尤其是快乐的感觉会对心脏产生正面的影响，所以我们说开心来表现愉快的心情，我们对人说'衷心的问候'，因为这问候来自我们的内心深处，我们用'衷心'来表达我们跟对方产生的情感上的共鸣。心脏是诚实性和真实性的灵魂核心，所以耶稣基督当年想震撼民众的心，而不是民众的大脑。如果碰到生命中决定性的事情，比如当我们决定人生伴侣、决定职业、决定培养兴趣爱好的时候，我们要听从自己内心深处的声音。诚实性和真实性，这两大特性最有益于心脏健康。全身心地投入吧！如果你全身心地投入，不会产生心脏疼痛、不会产生心律不齐，也不会有心肌梗塞。

"你的心就像夕阳一样暮气沉沉。现在你的任务是要让自己的心重新放射出朝阳的光芒，然后你自然就痊愈了。这才是对你正确的治疗：让心如旭日升起！"

我应该维护自己吗？奋起反击还是息事宁人？

达尼尔，三十六岁，教师，已婚

达尼尔："总的来说，我觉得自己心理上还挺平衡的，一般情况下也还觉得舒服。但是面对自己或者他人的怒火和攻击性，我从来就不知道该怎么办。"

"攻击性确实是一个大问题，它的表现形式极其繁多，从公开的攻击行为，其极端表现形式为虐待狂，到或多或少隐蔽的攻击行为，某些此类攻击行为只能很微弱的，从一些小小的嘲讽性的评论中看出来，做这种评论的人往往过后马上打哈哈，加上一句'开个玩笑，啊，不要介意'。一下子剥夺了对方反击的权利。更有大量攻击行为，它们隐蔽到看不出其攻击性。比如说，消费，可能就是一种隐藏的攻击行为，如果消费的动机是想让别人羡慕。经常是，有些攻击行为是如此的隐蔽，就连行为人本身都没有意识到，比如'买一套古董座椅'是在内心的攻击性推动下做的决定。包括某些看起来非常正面的东西，比如勤奋和'工作狂'，也经常是由于隐藏的攻击性造成的。你在这方面有哪些问题？"

达尼尔："我是一个性格平和的人，只想跟周围的人和平相处，在和谐宁静的气氛中生活，对人友爱。可是要做到这一点实在太难了，因为别人总要攻击我，特别是在职场上，每个人都把其他人当作竞争对手。我简直是一天到晚被那些恼怒的、有攻击性的人围绕着。我也不想就随便让人踩在脚下，我得保卫我自己，没办法，我只有奋起反击，这种情况下，你也知道，我本人也变得很有攻击性。而我的初衷是寻求和平，想与人和平共处。我不喜欢你争我夺的，因为一会儿你被打下去了，一会儿你又占了上风。这两种情况我都不喜欢。我不想有攻击性，可又很容易产生攻击性。我怎样才能走出这个困境呢？"

"只要你想表现自己，你永远也走不出这个困境。如果你在意是否受人喜爱，在意和谐的气氛，那么严酷险恶的现实总会让你失望。即使你总想做一个好人，你就是做不到。其他人那么坏，可你是好人，你带着这种成见去思考问题，你代表了善良去跟邪恶作斗争。只有在一个前提条件下你才有可能走出这个困境，那就是，让别人去坏，不要再有先成之见，而是去接受所有其他的人，别把自己作为好人跟其他人区分开来。

"任何一种想让自己比别人好的方法，都是一种斗争，包括假装的温柔、善良、平和的态度都是一种斗争的表现形式。只有在你不带任何目的、不作任何期待的时候；只有在你不想通过什么手段达到高人一等的时候；只有在你甚至都不想去做什么好人的时候；观察别人，但不再作任何评价，不再为他们的诡计而恼怒，不再为他们的攻击而生气，不再因为别人冒犯了你而发怒，而是把这种攻击行为看作自然的、理所应当的心理现象，只有在这种状态下产生的温柔和平静，才不是一种斗争，也只有在这种情况下你才能从气恼、恐惧和愤怒中解放出来。

"只要有一丝恐惧，人的攻击性便立刻被点燃。观察你自己：只要有什么东西让你害怕，你就准备着攻击，这是一条心理学自然规律。只要你有欲望，想达到什么目标，你不可能通过意志强迫自己消除恐惧。只要你追求什么，即使追求的是温柔和善良，你马上会产生恐惧感，担心自己得不到它，接下来必然产生攻击性，不管它是以一种怎样隐蔽的方式出现，它就是攻击性，而你就被囚禁在这个怪圈里。我知道，想真正地作出必要的改变有多难，因为这是人生观的改变，你要让所有的追求、愿望和期待在你的内心世界里坍塌瓦解。你必须放弃、随遇而安、无欲无求，给予而不索取。你要让自尊心化作一股青烟飘散在空气中，不再想证明什么，不再想表现自己的自信心，这时候你才会有真正的自信。你会感觉到那个过去的你在死去，一个新的你正在诞生，你将死亡呼出你的身体，再呼进新的生命。你不会觉得，被人伤害、对人失望，甚至痛苦地被人欺压，完全不会，正相反，你会感受到非常美妙的幸福，因为斗争结束了。所有的痉挛和紧张像一副重重的担子突然从肩头跌落到地上，没有了恐惧，你变得自由而平和，而你并不因为你平和的个性而骄傲。这种骄傲对你已经没有了意义，因为你是一个幸福的人，你全身散发着安详宁静的气息，你已经用另一种眼光来观察那些有攻击性的人。"

我从来不是一个合群的人

功特·T.，三十八岁，自由职业记者

功特："我这个人很爱读书，从文学作品里我找到很多安慰和帮助，比如说，在歌德、荷尔德林、赫塞这三个非常特别的德国诗人的作品里。过去几年中，特别是在我离婚后，我有意识地在寻找我自己，我找到自己越多，我就越觉得自己不是芸芸众生中的一分子。这对头吗？我太太只想从我这儿得到爱，她要我给她保护和承认，我得做她的父亲、兄长、赞助人、老师和忠实的崇拜者。我也想实现我自己的梦想，而不只是为实现她的梦想而活着。如果我读点书，比如说你的书，她就生气。她居然嫉妒我的书和兴趣爱好——高尔夫和台球。如果我对她说：我也有自己的生活、自己的思想，而且我正在寻找我自己……她就骂我是自私自利，不管我周围的人。她经常指责我说：你就活在你自己的世界里，你与世隔绝！只要我不管她的事，我就是与世隔绝，就是个离群索居的人。"

"你觉得受到极度的侮辱，直到今天你还不能解脱出来。她让你相信你是有罪的，相信自我发挥不是件好事。"

功特："她使我产生罪恶感和恐惧感，让我相信自己真的与世隔绝，相信我是个自私自利、不愿与人相处、见人就避开的怪物，我实在受不了这些指责了，这让我愤怒到极点，我们经常吵得昏天黑地。因为这个原因我搬了出来，递交了离婚申请。离婚以后的时光真是太美好了，我开始全身心地投入自己感兴趣的事儿中，我读了许多关于宗教的书籍，甚至研究了整个儿的新约全书，我在基督教里找到认同，确定自己是个基督徒。

"可是，当我想与哪个熟人深入地谈论我的感受、谈论我对基督教的认知时，我发现没人对我的话感兴趣、没人理解我。我又感觉自己像个外星人，我所做的事，对谁都没有意义。这是为什么我今天坐在这里的原因。很多人说，不合群可不是一件好事。我的问题是：一个人应该无条件地对其他人献上爱心吗？即使他自己感觉这么孤独、这么不被人理解，即使他明明知道其他人想的不同、感受也不同。"

"一个非常有意义的问题，要回答这个问题很容易，但是答案却不容易用简单的语言来解释，我来试试吧。你说：'许多人说，不合群可不是一件好事。'嗯，没有人希望别人是不合群的人，因为每个人都以为，其他人都会像自己一样去看问题，会跟自己有同样的想法。这当然很愚蠢、不成熟，因为没有一个人跟另一个人一样，每个人都是独特的，这没什么好，也没什么不好，这只是像重力定律一样是一个事实。一块石头落下来，如果恰巧落到青苔上，它就是好，如果落到我的脚上，它就是不好。

"'没有人希望其他的人不跟他合群'，你说。我觉得一个人不跟另一个人合群是最正常的事。接下来是你非常有意义的问题：'一个人应该无条件地对其他人献上爱心吗？即使他自己感觉这么孤独、这么不被人理解，即使他明明知道其他人想的不同、感受也不同。'我的回答是毫不保留的一个'是'字。因为你研究过基督教的理论，你当然知道，基督也会同样地回答。他曾经在他那个时代是一个不合时宜的怪人。对他来说，他周围的人，不管是谁，不管是怎么样的人，他一样爱他们，一点儿问题都没有。他说：'爱你身旁的人就像爱你自己。'对他来说，这个问题就这么简单。

"另一个人总是一个陌生人，不管从表面上看起来，你对他有多熟悉，他是一个跟你隔离的生物个体，带着他自己的愿望、自己的梦想、自己的看法，正如你一样。爱他就像爱你自己，一个不合群的人爱另一个不合群的人，在这个基础上一切都运行起来。我告诉你，做个不合群的人是件好事，除此之外你也没有其他选择。你必须是你自己，就在这一刻，你已经是个不合群的人，因为这样的人如你，世界上没有第二个。每一朵花都不同，没有一片云跟另一片云一样，每一只猫都有自己不可能与另一只猫混淆的标志。

"只有不成熟的人想把所有的人都塑造成一样。当然，在法律面前人人平等。但是，如果谁想把所有的人在心理上塑造成一样，这实在是愚蠢得可笑。到人群中去，跟他们交谈，你会发现每个人都是不同的，甚至在扮演同一个角色的时候，不同的人演出来都不相同。爱他们即使他们犯许多的错误，爱他们就像爱你自己，因为包括犯错误都是很美的事。安心地去犯错误，安心地去做一个不合群的人，去做一个陌生的怪人。不要怕做错了事，不要怕迷失方向，穿行在人群中就像走在一个奇幻的世界里，张大你的眼睛，带着惊奇的目光，去观察其他的人。在这个世界上，直到你生命的终结，你永远是一个陌生的怪人。

"你当然可以压抑住对自己的这个认知，去加入某个群体，扮演某个角色，这么一来，你会变成一个双重的陌生人，对别人，同时对自己。扮演角色使你远离你自己，而你不过是想让那些已经远离了自己的人接受你。

"只做你自己，同时接受别人的不同，作为一个不合群的人去爱另一个不合群的人。所有负罪感都在此时此刻烟消云散，因为它没有了意义。如果一个不合群的人想要你完全跟他一样，那么他是疯了，你完全可以对此大笑。'来，不合群的人，做一个我理想中的不合群的人，按照我对不合群的人制定的规则来言行，为人处事要遵从这个不合群人的规则。'在不合群的人群里面，一个名叫 X 的不合群的人指责一个名叫 Y 的不合群的人，如此往复，没有终结。这个社会里有成千上万个这样的群体，而且每天都还在成立这样的新组织。

"每一个不合群的人，只要他觉得值得，都可以建立一个新的群体。如果基督说：'爱你身旁的人就像爱你自己。'那么他是说，每一个人都是不合群的人，而每一个人都跟你一样可爱，不要再将人群分类了。说：'我就爱你原本的样子，不多不少，正因为你的与众不同，你才是如此有趣的一个人。'

"包括你的太太都是一个可爱的人，虽然她不成熟，也因为她的不成熟。这当然不是说，你不该离婚。在你人生的这个阶段，离婚对你来说是正确的。你不必再有恐惧感和负罪感。做一个不合群的人，这是好事，不要在这件事上作自我批评，也别再批评其他不合群的人。"

常见问题答复

在过去的二十年中，我收到超过八千封读者来信。许多问题很相似，对读者问得最多的问题，我在这里统一作答。

问："我还有一些问题，在您的书中找不到答案，我可以跟您当面交谈吗？"

答："我当然愿意跟每一个读者交谈，但是除了每天心理咨询诊所的工作，我还在致力于一本新书的写作，剩下的时间还要画画，所以实在很难再找出时间来满足跟读者一对一交谈的愿望。我很愿意跟读者交谈，但我让这种交谈随机地发生，如果恰好我们在一个餐馆里、一家书店里，或者一家咖啡馆里碰到，随意地交谈起来。"

问："您什么时候在什么地方举办研讨会？"

答："我从来不办研讨会，也不作报告，将来也没准备做这个。一来我没时间；二来我认为写书比作报告更有意义，效果也更好。读书的过程更容易带人进入一个禅心静思的状态。"

问："在读您的书时我常常觉得被您的思想照亮灵魂，觉得您说的是对的。但我又问我自己，您写的这一切是否有科学原理上的保障？"

答："所有我写的东西，都建立在事实的基础上，建立在我亲身体验、深入研究以后的经历上。不过我不是一个实验室里的科学家，不做经验性的研究工作，也不去按统计数据计算百分比。我认为自己是一个找出人的心理规律，并且把它表达出来的科学家。所有我写的东西，都经得起那个时期的经验或统计数据的检验，亦无论是哪一个运用实际研究方法的实验科学家来检验。

如果我当年想做一个实验科学家，也就是一个自然科学家，那么我会留在大学里，去专攻比如说神经官能症的研究。但是对我来说，对哲学和心理学的现象及其相关性做一个总体性的研究要有趣得多。"

问："您很少写关于宗教的东西。我是天主教徒，也就是说我是很虔诚的基督徒。您作为心理研究学家如何看基督教？"

答："您提了两个问题。首先我想解释一下，为什么我不写关于宗教的东西。首先，我尊重所有有宗教信仰的人，尊重那些只是简单地信仰一个宗教而不教条的人。我认为耶稣基督是人类历史上的一个伟大智者，但我厌恶那些将宗教分类的宗教狂，那些偏执地试图跟上帝做交易的人。我不把自己看作一个宗教心理学家，这个工作我留给那些深入研究宗教的人去做。

无论一个人属于哪个宗教，最主要的是，这表示他愿意聆听，所以天主教徒也好，新基督教教徒也好，或者伊斯兰教徒、印度教徒，包括无神论者，对于我来说都一样可爱。"

问："为什么有时候您也会在一些面对下层大众读者的大字大图画报纸上发表一些针对时事的文章，比如说《图片报》，您不觉得这有点儿降低您的身份吗？"

答："一点都不，正相反，这可以抬高《图片报》的身份，因为它也愿意从心理学的角度来观察社会问题。为什么我不应该给一个发行量大的报纸写文章？这有什么不对的？心理学可不是仅仅给一个小小的精英圈子用的，它应该为每一个人所用。它跟每一个人有关，无论他处于社会的哪个阶层，也不管他受教育程度的高低。心理学可以分析所有人的心态，我的认知被讨论得越广泛、越经常就越好。可惜我在大众读物上发表文章的机会太少，我的思想，这些可以带来更多生命的喜悦、独立性和自由的思想，可惜还没有足够详细地传播开来。举一个1983年的例子：每一份报纸都在报道克劳斯王子的抑郁症。但是只有极少数的编辑部给我机会来描述，什么是抑郁症，这种心理疾病的分布有多广，人们为什么会患上抑郁症，怎样通过自我发挥的方法在不需要心理化学药物的情况下治愈抑郁症。针对这个题目我应该给每一份大众报纸写上四页纸，这能帮助多少人啊。这绝不会降低我或者心理学的身份。

"您的问题显示，您是怎样被您自己的精英阶级思想所束缚的。媒体不在意，纸张更加不管它上面印了什么内容、什么人阅读它，可是您在意。您瞧得起或者瞧不起某些读者，将他们区分成不同的阶层。我希望您现在看到了您自己追名逐利之心、荣辱和等级的观念，看到了自己的优越感，这些是您提出这个问题的原因。"

问："您是怎样获得这些认知的？"

答："通过细心观察，通过敏锐的感觉，通过对人类的爱。"

问："您按您自己的理论来生活吗？您怎样看待爱情？您自己真正自由吗？"

答："理论比实际先走一步，对我来说，常常是先有理论上的认知，然后才在我的诊所里付诸实施。我在《爱的心理学》(Die Liebe) 这本书里详细阐述了我对爱的理解，这个思想至今不变，我这样想，这样说，也这样做。最难的是回答第三个问题：我是不是一个自由的人？如果我给予肯定的回答，您也许会想，说嘛他是很会说的。如果我给予否定的回答，那么您会想，瞧，连他自己都不自由。接下来您自然把这个认知扔到九霄云外去。这么说吧，我是否真正自由，这一点您永远也不会完全知道，所以您只能相信，当然您也可以不相信。去看看我画的那些铅笔画，也许这能帮助您来回答您的问题。"

问："也许在您的诊所里，您看到太多心理扭曲了的、带着各种各样可以想象的人生问题的心理病人？您会不会因此过度地把心理疾病在一般人身上普遍化？"

答："一个心理完全健康的人不需要心理咨询，这是完全正确的。但我每天只有六个小时在诊所工作，其他的时间我在日常生活中观察一般的人，在大街小巷，在商店里，在餐馆里，在市场上，等等。我跟'正常人'谈话的时间要比跟我的患者多。当人们听说我是心理医生时，常常会主动向我讨教。这些人有时拐弯抹角，有时也很直接地跟我谈他们目前正面对的问题。我发现，经常是那些不去诊所的人，比那些有勇气去心理诊所寻求咨询的人，心理上更紊乱。

"接下来是您问题的第二部分。我有可能把心理疾病在一般人身上普遍化。如果一个人真的没有恐惧感的话，我不会看到隐藏的恐惧。但是，如果一个人特别友好、特别温柔地接近我，我会仔细地观察他的动机，观察他是否有隐藏的攻击性。如果我看到一个人对另一个人献媚，我看得出他是否为了自身的安全而这样做。如果有人说话突然卡壳，绕来绕去的找不到一个合适的词，我看得出他想表达的思想，看得出他真正的智力。如果一个人特别自信地吹嘘自己的成就，那么我会观察他，看出他对他自己，以及对别人隐藏的恐惧和自卑心理。现在总体回答您的这个问题：我不会把心理疾病在一般人身上普遍化，我的职业使我不可能做这样的事。正相反，我首先在其他人身上寻找心理上的健康、自由和放松，因为我认为这是一个人的初始状态。每个人的看法都跟实际上的图像有差距，所以我反而更容易乐观地看人——因为我对人类的爱，使得我更愿意戴着玫瑰色眼镜，而不是灰色眼镜看人。"

问："为什么您不通过政治途径，为建设一个更美好的世界而奋斗？通过改善教育系统、改善学校，给每一个个人更多的自由？这其实是一个政治问题嘛！"

答："您不应该把所有的社会问题推给政治家，特别是心理问题不属于政治家的责任范畴。首先，您应该对您自己的发展和心理的发挥负责。我是心理学家和哲学家——如果别人要给我贴标签的话，但肯定不是政治家。我愿意为建设一个更美好的世界而努力，但肯定不是通过政治的途径去跟谁作斗争。斗争只会引发反斗争，那些我想结束的事情永远都不会因此结束。我的书不是所谓的为一个更美好的世界或者更健康的人生而奋斗的政治读物。我不作任何斗争，也不是一个'世界的改革者'，但我所表达的思想是革命性的，或者说具有推动人类进化的意义。我本人完全没有任何政治意图，我既没有遵从西方思想，也没有遵从东方思想。我只不过对所有的人感兴趣，不管他们的肤色或者民族，我只是对人们的心理状态和发展感兴趣。最主要的是在我这里没有斗争。因为对整个人类的爱心而做的事，不可能因为爱心而展开一场斗争。爱心和攻击性是两个对立面。我不可能一面抚摸一只猫，一面把它掐死。"

问："您为什么要写书？您想通过这建立声誉吗？"

答："这是一个很蠢，可惜又很经常的问题。我写书，因为我有思想要表达，而且渐渐的，这些思想积累到可以成一本书或者一个集子的分量。我没想通过这建立声誉，因为在封面上署什么名都是一样的。

"您潜在的问题是，我是否想通过这出名，但您又不敢这么公开地提问。我没有想出名的欲望。这里主要不是为我个人，而是为了读者，为了激发读者不断地发挥自己，建立更美好的生活，让自己的个性如春花般开放。"

7. 生命的喜悦——那些闪光的时刻

草原上条条路径通天涯，
天空亮丽如同你的长发，
轻松的日子如今天，
因为有你在我身边。
时隐时现在你金发里是几丝旷野石楠，
艳阳下飘落在你身上无数雪白的花瓣。
细细碎碎的声音像薄雾般飘过，
那是思想的碎片，那些还在空中漂浮的
碎片：
现在我活着，
我的原野是一片夏日的碧绿，
天这么高，
云这么淡。

——沃尔夫冈·比特诺（Wolfgang Bittner）

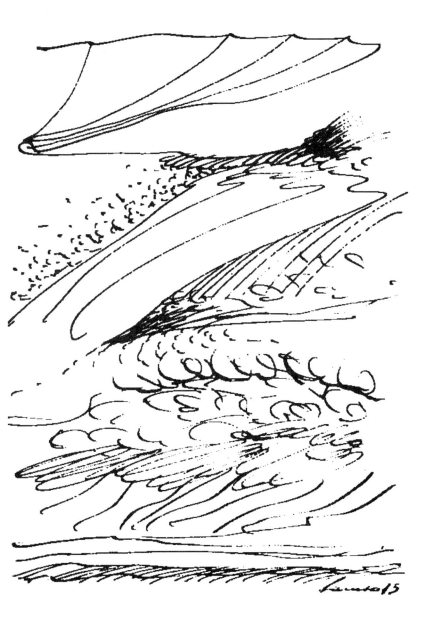

在这一章里，我想从分析沃尔夫冈·比特诺的一首诗开头。我认为这首诗表达了一个诗意的闪光时刻，它恰好可以给读者一个提示，教人如何进入一个美妙的禅心静处状态。

"草原上条条路径通天涯"，在广阔无垠的草原上，每一条道路都延伸至地平线上，他没有被限制在哪一条路上，所有的道路都是开放的，都通向无限远处的天边。他也没有被限制在那些绘制在地图上的道路上，他走他自己的路，此时此刻他自己脚下的路。

"天空亮丽如同你的长发"，所有的道路都是开放的，而天空是那么的明亮。在这一刻，人会非常敏锐地感受到这自由的气息，这明亮而开放的空间。此时此刻，人的思想也会被照亮，它不会再在一个阴暗的小圈子里打转，它就像天空般明亮，不带杂质，没有隔阂，简单而清晰。此时的思想没有阴影。

"轻松的日子如今天，因为有你在我身边。"今天我可以这么自如地走自己的路，今天是如此轻松而没有负担，因为有你，我的爱人，在我身边。爱情让我更贴近生活，爱情让我强烈地感受生活中的点点滴滴，对我来说只有此时此刻，所有的记忆都保持沉默，而未来遥远得如同天边。活着是这么轻松，空气如此清新，思想如天空般明亮。天、地、人忽然合而为一，天上飘过的云彩、远处的地平线，还有我自己，成为一个整体。我们不用再导演人生，让那按剧本的演出退至后台，前台上只有活生生的眼前和当下。

"时隐时现在你金发里是几丝旷野石楠，艳阳下飘落在你身上无数雪白的花瓣。"当石楠花在你飘动的头发下时隐时现，当雪白的花瓣轻轻地飘落在你身上的时候，所有的思考都停止了。美景销魂，眼前的生活如此丰富，我的心也随之飞扬起来，哪里还会去考虑什么自己，什么对未来的计划。我忘记了自己，忽然在我身上发生了不可理解的事情，并不是外界什么东西强迫我这样，而是在我自己的内心深处，天人终于合一，我忘记了我在哪里。我的名字不重要，飘落在你身上的花的名字也不重要，思想进入静止状态，宁静的气氛弥漫开来，我只是沉浸在这美景中，忘记了时间和空间。

"细细碎碎的声音像薄雾般飘过，那是思想的碎片，那些还在空中漂浮的碎片"，细细碎碎的声音，那是语言，可又不像语言，它飘过，我虽然听见它，可它并不钻进我的耳朵，它只是拂过我的面颊，我并不去理解它的意义。"我刚才叫你，你听见没有?!"母亲生气地问。"我没听见"，正在玩耍的小孩回答说。母亲大发脾气，因为她知道小孩子听得见她叫，所以她认为这小孩故意撒谎。可是这孩子不是故意的，他只是沉浸在玩耍中，他虽然听见妈妈的声音，可是这里面的意义却随风而散，因为他处在一个痴迷的状态中，一个不通过酒或兴奋剂就达到的陶醉状态。

恋爱中的人也处于同一种状态中，还有艺术家，当他们沉浸于艺术创作的时候。

当我画画的时候，我的朋友们在几米外的壁炉前聊天，我虽然听见他们的声音，可是这声音就像"薄雾般飘过"，"你没听见我们刚才说曼弗雷德吗?"没听见，我只是听见了声音，可是这声音里面的意义没有机会进入我的大脑。

"现在我活着"，当下不会发生在昨天，也不会发生在明天，只有唯一一个当下，这就是眼前的现实、此时此刻的经历——这就是"现在"。现在我画一幅画，不是明天。

"你可以明天再接着画这幅画嘛。"我听见我女朋友说。明天？在这一刻我不能去想明天，明天我绝对不可能接着画这幅画，明天我即使画也是画另外一幅画。我是活在现在。

当我爱上了一个人，它发生在此时此刻。在这一刻我的心飞扬起来，在这一刻我愿意全身心地奉献给对方。"你可以明天再爱我嘛。"这句话幸亏还没有女人对我说过——但是也许想过。明天一切都将是另一个样子。爱情我只能在此时此刻去感受，我不可能将爱情向后推，同样我也不可能在不影响今天的情况下，将生活推迟到明天。

许多人都会这样，为了明天牺牲今天。他们制定计划、去赚钱、建房子、负起某个责任，他们没有时间过当下的日子，他们将生活推迟到明天，但明天又有新的责任，他们只好又再往后推，如此以往，没有尽头。

"我的原野是一片夏日的碧绿"，今天它是一片夏日的碧绿，几个星期后秋天就来了。所有的一切都有它的时间。眼前的这一瞬间，现在存在的这一切，我们不可能以后再弥补。一道计算题可以以后再做，这是机械的，是死的东西。在这一刻对一个人的爱情，却是活的，我不可能明天去弥补。我这里绝不是说要人活在时间的压力下，一般来说，如果一个人完全沉浸在生活的海洋中，他感受不到时间的压力，但人们应该知道，这一刻不会再回来，一旦它逝去，它就永远逝去了。那份你今天感受的陶醉和狂热，明天不会在同一个地方听从你指挥地重新出现。明天是新的一天，一切都会是另一个样子，明天不会重复今天，明天会发生新的事情，同样它不应该被昨天所困扰。

"我的原野是一片夏日的碧绿，天这么高，云这么淡。"这首诗的结尾非常美。它将人的目光引向天边飘过的白云，它是那么近，同时又那么远；它消失，又重新形成，但每一秒钟都不同，每朵云都相似，但没有一朵跟另一朵相同。

内心的独立性是沉着冷静的前提

　　我在以前的两本书《爱的心理学》(*Die Liebe*) 和《生活的艺术》(*Lebenskunst*) 里,不断地指出,一个人能否独处,他能否单独地享受生活,对他的自我发挥有多重要。几天前我读了黎巴嫩诗人哈利勒·纪伯伦的一首诗。这首诗表现每个人心理上必然存在的孤独感,在诗里他极有启发意义地道出了其中纯美的感受。

　　　　生活是一座岛屿,
　　　　寂寞和孤独是它周围的海水。
　　　　生活是一座岛屿,
　　　　礁岩是它的欲望,
　　　　树木是它的梦想,

鲜花是它的往昔，

而它漂浮在寂寞和孤独的海洋里……

你的生活是一座岛屿，

与所有其他的岛屿和大陆隔离。

无论多少船只你送去别的岛屿，

无论多少船只驶来你的岸边，

你自己，

永远是一座孤独的岛屿。

我的朋友，

你的痛楚将你和其他人分开，

你的幸福只保留在你自己的岛上，

你的同情在非常遥远的地方，

而你自己躲在那神秘的谜里。

我看见你，我的朋友，坐在一座金子堆成的山上，

你得意于你的富有，财富与权力兼备，

你相信满满一捧金子是联系的纽带，

你的思想和感受，

都因此与大众紧密相连。

我看见你这强大的征服者，
带领一支军队攻占城堡，
你摧毁它继而占领它。
但是当我近距离地观察你，
我看见在你宝藏的旁边，
一颗离群而孤独的心在颤抖，
就像一个渴极的人，
在满是金子和珠宝的笼子里颤抖，
你又怎么可能在珠宝箱里找到解渴的水？

我看见你，我的朋友，坐在高高的王位上，
无数人簇拥着你，
吹捧你的慈善机构，
细数你的天赋，
好似簇拥着一个征服他们的灵魂就如征服星球的先哲。
我看见，你看他们的眼光，满意而居高临下，
完全是一种表情，

好像你对于他们，就如灵魂对于身体一样。

如果我再仔细瞧，

我看见王位边站着另一个人，

这人正在寂寞中颤抖。

我看见他伸出双臂，

好似在向隐形的神祈求什么。

我看见他的目光越过人群，投向远方，

可那儿除了孤独还是孤独。

我看见你，我的朋友，深深地爱着一位美丽的女人，

你的亲吻覆盖她的双手，

她仁慈而深情地望着你，

唇上带着一丝母爱的温柔；

我悄悄地对自己说，

这份爱情化解了他的孤独，

他的灵魂将永远被爱情环抱，

寂寞和孤独终于走到尽头。

可是当我走近去瞧，

我看见你灵魂边的另一个人，

一个孤独的灵魂，

正像雾一般无望地尝试，

试图变作那女人手上的一滴眼泪；

你的生活，我的朋友，是一个居所，

远离所有其他的居所和邻居。

人的内心世界是一个居所，

远离所有其他的居所。

如果这间居所黑暗，

你不可能用你邻居家的灯光来照亮它；

如果它是空的，

你不可能用你邻居家的财富来填充它；

如果它处于沙漠中，

你不可能将别人家的花园移到它旁边来。

你的内心世界，

我的朋友，

总是被孤独和寂寞包围着。

如果这孤独和寂寞不存在，你不会是你，我不会是我。

如果没有这份寂寞和孤独，

我听见你的声音还以为是我自己的声音，

我看见你的面容还以为是镜子里的我自己。

纪伯伦在这首诗里以一个让人恐惧的句子开头："生活是一座岛屿，寂寞和孤独是它周围的海水。"纪伯伦在这一点上，深刻地洞察人生，诗里充满了生活的智慧和真理。继而他给我们展示了许多在这个社会上达到令人羡慕的地位的人。

首先是富人，他们希望金钱可以作为他们与其他人联系的纽带。但是，这是一个很大的误区，因为大部分人会对别人的财富产生嫉妒心，其结果是，它带来距离感，增加不信任感，引起攻击性。只有贪婪者会欣赏你、佩服你，把你作为他奋斗的目标。

包括那些令人羡慕的征服者，那些摧毁者，那些占领者，他们推进武力和强权，引发仇恨，他的"一颗离群而孤独的心在颤抖"。

还有那有权有势的国王，高高地坐在王位上，被阿谀奉承的人包围着，他也同样是一个孤独的人，他不可能通过他的王位摆脱孤独。正相反，高处不胜寒，他恰恰会感受到特别的孤独和寂寞。

一个正在恋爱中的人，带着满满的温柔和深情，也许会在某一个时刻相信，他终于摆脱了孤独。但是当纪伯伦走近去瞧时，他看见了恋爱中的人那颗寂寞的心。因为爱情是一种主观的感受，而它的表达在于给予。即使在给予爱的时候也会产生孤独感，对，恰恰是这时候，我会非常清楚地感受到我的寂寞和孤独。正因为如此，恋爱中的人才会在幸福和痛苦中荡秋千。因为他们一方面为爱情而无比激动；而另一方面，他们同时深深地感到与另一个人的距离。他们时刻注意另一个人发出的信号，想再被爱一次，想找到爱情，把它关在"恋爱关系"的笼子里。这当然是不可能的，因为爱情是自由的，你永远都不可能占有另一个人的灵魂。每一次尝试都将以失败告终，而你渴望的爱情最终会如红红的炭火慢慢熄灭，因为缺少了"自由"这个氧气。

纪伯伦还可以给我们讲更多的例子。但他是诗人，不是科学家。他只是举出了几个尤其令人羡慕的试图摆脱孤独的事例：追求物质上的占有，追求用暴力来战胜别人，追求绝对的独权统治，追求爱情。我还可以在这里再添上几个试图达到同样目的的心理技巧：追求

- 知识

- 社交

- 任何方面的领导职位

- 开发特别的能力

- 高超的体育技能

- 出名

- 适应别人

- 道德上生活方式的改变

以上这些当然也不是全面的，但这不重要。纪伯伦得出结论："你的生活，我的朋友，是一个居所，远离所有其他的居所和邻居。"每一个人都是独特的，没有一个人跟另一个人一样，每一个人都是完全独立的生物，靠着自己的两条腿站立和行走。每个人都有自己与众不同的心灵发展道路，每个人的心灵居所都带着自己独特的内容。如果你的心灵居所黑暗，你的邻居不可能用他屋里的灯光照亮你

的屋子，他没法办到，即使他愿意。同样，你也不能用你的财富填充你邻居空荡荡的心灵，即使你想给他。只有在他真的想要的时候，只有他自己向你要求的时候，你才可能给得出去。你可以从你鲜花盛开的花园里采一枝玫瑰送给他，如果他正好可以用它来美化他的沙漠，它会被愉快地接受，否则，也就随便被扔掉了。

纪伯伦的意思是，一个人以拯救人类灵魂的大师自居是没有意义的——只不过另一个摆脱孤独的心理技巧而已，这里你想强迫别人接受你个人的认知，可是如果别人不接受你的思想，你有可能觉得受到伤害。充满雄心壮志地去努力改变别人的人生观和世界观是对自己和别人的心灵很有害的。这当然不是说，不应该赠送，不，我们应该给予别人一切我们拥有的认知，没有时间的限制，只是一点，不要指望别人会珍惜你的礼物。如果别人能珍惜，你应当有感激之情和幸福感，可是千万别努力去追求这个。不要为了摆脱寂寞而赠送，而是源于生活的乐趣赠送给别人你最美好的东西，不要算计，不要期待因此建立某种联系。

给予爱情，而不指望爱情的回报，接受其他人是另一个样子，接受他有不同的问题和期待，爱别人，而不给别人增加心理负担，爱他，简单地让爱流淌出你的心灵——这就是泰然自若，这种心态下，你遇事自然沉着冷静。让你自己奔流泉涌，让其他人按他们自己的方式对待你的礼物。如果他们不能珍惜你，不要藐视他们。他们的时间还没有成熟，他们的双眼可能还没有睁开，那又怎么样呢？

玫瑰花散发它的芬芳，即使没有公主去闻它，即使没有诗人为它作诗。纪伯伦让我们看到了一个非常简单的事实："如果这孤独和寂寞不存在，你不会是你，我不会是我。"这一切是必需的，这是最自然的事，没有任何理由要去改变这个自然规律。只有当人们试图去改变它的时候，才会产生各种各样的问题：恐惧、攻击性、争权夺利、追求高人一等、打压同类、占有欲。当我观察你的容貌时，"还以为是镜子里的我自己"。

灵魂生活是一座漂浮在孤独和寂寞的海洋里的美妙孤岛，每一座岛屿都唱着自己的歌。没有一只夜莺的歌声会像知更鸟。享受独处是沉着冷静和建立强大自我的前提条件。

梦不是泡沫——梦的启示

在过去的几年里，在研究人们白日和夜晚的梦方面，我投入了大量的精力。我总共分析了数百个梦，以及这些做梦人的生活状况。我得出一个结论：没有一个梦不暗示着什么。每一个梦都有诱发它产生的心理背景，因此也都有它独特的意义。总的来说，谁对自己满意，感觉生活幸福的话，他的梦激烈起伏的成分会比较少，他虽然也做梦，但一般情况下，大部分内容在第二天都记不清了。

梦是一个人在心灵深处，处理日常生活经历的过程。人们白日的经历，特别是各种各样的争端，由此而积压于内心的感受和问题，会在梦里得到正面或者负面的处理。弗洛伊德因此也用"梦工作"这个词。他的意思是说，一个人在白天一直试图解决的问题，会在梦中被继续处理，甚至找到解决的方案。这个观点，跟目前最新的、由在加利福尼亚的索尔克研究所工作的生物化学家、诺贝尔奖得主弗朗西斯·克里克提出的观点完全吻合。

克里克通过实验确定，梦是大脑的一个生化运作过程，它的作用相当于"夜间打扫房屋工作"，它把那些不重要的东西清理出大脑，让大脑有空间接受新的东西，让人重新进入愿意接受新事物的状态。这种新的"梦的理论"完全没有否定弗洛伊德的思想——像很多新闻记者过快得出的结论一样，相反，它恰恰证实了弗洛伊德的理论。

包括那些最荒唐的，表面上看起来最离奇的梦，也都有它心理学上的意义。大多数梦的内容主要是性感觉或者攻击性，这一点弗洛伊德看得完全正确，因为性生活和攻击性是人们生活中最大的问题区域，是一个令人紧张的区域。做梦帮助人们解决这些问题。

许多历史上人文科学方面的天才都承认他们会在梦中产生非常的创意。例如著名画家、绘图家、建筑设计师和结构学家莱昂纳多·达芬奇，就不断地记录自己的梦，他能从自己的梦中学习，受益匪浅。许多诗人，例如莎士比亚、哥特弗里德·克勒、莱纳·玛利亚·里尔克、弗朗茨·卡夫卡，都会将自己的梦境写入作品里。不仅仅只有诗人和艺术家，包括很多头脑清醒的自然科学家，也全神贯注地聆听自己梦中的启示。德国著名埃及学家布鲁格施就是这样在梦中找到解开古埃及语的密码。还有化学家奥古斯特·凯库勒在一次梦到正在互相吞噬的蛇之后写出了苯环的结构式。著名德国数学家高斯甚至声称在梦中解决数学难题，因为他的大脑在睡眠中还在继续思考这道题。

从心理学的角度来讲，这一切一点儿都不奇怪，而是非常好理解的，因为在睡眠状态人的思维要放松得多，人在清醒状态下的固定思维模式消失了，一个人联系事物的能力因此扩展了许多——他的思想也更具有创造性。所以许多有创造性的人，首先是艺术家，那些"梦中舞者"，从来没有完全生活在清醒状态下，而是一直在现实和梦幻中荡着秋千。

每一个艺术家都是职业梦想家，也必须如此，因为他的思想不在固定的、传统的轨道上行驶，而是将日常的逻辑性抛在一边。也由于这个原因，为了有目的地放松逻辑性对自己的束缚，许多艺术家很容易偏向于使用毒品和酒精，因为他们发现自己由此处于另一个状态，可以游戏般地创作。

1983 年，我收到一位年轻女子的来信，信中描写了她的一个美梦，她希望我能给这个梦一个解释。这个梦告诉我们，确实有可能在梦里发生在清醒的日常生活中不可能发生的事。因为这个美丽的梦暗示了许多灵魂生活的意义，所以我想在此引用它，然后作一个诠释：

"我 12 岁那年，在我母亲去世后，我有过一次梦中的经历，直到今天我还会偶尔想起。我走在一间陌生的房间里，那里模糊地给人教堂的感觉。然后我突然站在一个窄窄的楼梯前，那是一条昏暗的、向上的通道。我毫不犹豫的一级一级地向上走。四周黑得很快，直到我几乎什么都看不见了。那条通道也越来越窄，越来越低。然后我脚下的楼梯消失了，可是我并不害怕，我匍匐在地上用手和膝盖在一条很窄很陡的路上往上爬，好似相信自己一定会到达一个目的地。接下来，那条通道敞开了大门，我站在一个门槛前，在我身后是一片漆黑，在我面前是一个明亮的平面，平面的颜色是金色配上玫瑰色的背景，就像日出的颜色。在这个平面上漂浮着、缓慢地旋转着一个没有外围边缘的物体，它看起来完全是由光形成的。在这一刻我确

7. 生命的喜悦——那些闪光的时刻 |

信看见了上帝。这个光对我说话，虽然我听不见它的声音，一个字也听不见。这个过程我想把它描述成在思维和感觉层面上的一种关怀。我感应到那些话语的意义，同时改变了我自己。就好像我身上一种可怕的恐惧被驱赶了出去，我的一生，我的过去、未来，我的担忧、恐惧、期待和希望都不存在了，就这样消失了。我感觉很安全，内心充满了宁静和安详。同时，我感觉不到我自己的身体了，我好像只有思想，而没有了躯体。那是一个彻底幸福的状态，好似一个人一辈子也达不到的那种状态，这就是我的感觉。过了一会儿，有人叫我的名字，我想向光的方向飘过去，投入它的怀抱，但没成，因为我在这一刻醒过来了。"

每个人都时常问自己：我的路在哪里？我到底是谁？我的命运会带我走向何方？生命的终点总是死亡，失去自己非常爱的人，活着的人该如何继续生活？这个小女孩在她的梦里，看到在日常生活的难题和痛苦中看不到的光明，超出了所有的语言和实物。在光明普照的这一刻，她思想上的包袱消失了。"我的担忧、恐惧、期待和希望都不存在了"，它们都消失了。这个小女孩觉得很安全，她感觉不到自己的身体了，一种彻底幸福的感觉产生了。所有民族、所有文化的哲人，都把这一状态称为"灵魂被照亮的一刻"。

在梦中，那扇通向灵魂幸福和深刻认知的大门敞开了。这个小女孩忽然明白，在所有黑暗、恐惧、担忧和折磨的后面居然会隐藏着一份给人安全的美妙感觉，一种充满快乐、幸福的轻松的生活，只要摆脱掉所有日常生活中的困扰，只要她自己愿意面对生活敞开心扉。

人们在梦中的经历，正是哲学家、心理学家、哲人和宗教人士一直在寻找的东西。并不是每个人都会做这样的梦，许多人不管在现实生活中还是在梦中都远离了经历这份认知的能力。在梦中明白在日常生活中很难明白的道理，这正是人们几百年来一直在寻找的东西：灵魂被照亮时的安全感。

这个小女孩看到了永恒和她生命的完整意义。这个意义是幸福，而不是不幸；是喜悦，而不是悲哀；是有意义，而不是担忧。甚至希望都不重要，简单地实现你自己，这就是彻底的幸福状态。

我回答那位女士："这个梦是一颗钻石，您要好好保存它，并时常把它拿出来欣赏一番。"

开放每一个感官，让心随风飞翔

诗人彼得·汉德克在 1983 年的一个书展上接受采访时说了一段感人至深的话：

当我还是一个孩子的时候，我最大的快乐是享受户外的活动。当风儿吹过，森林里到处都活动着生命的时候，我们总是沉浸在巨大的欢乐中，就那么简单地在一棵云杉高高的树冠下。现在的小孩都被挂在几根电线上，也许不能说所有的孩子，不过大部分，都挂在随身听、录像机、留声机、电视机上。小孩子弄点儿这个也不是完全错，这我也同意，可是当我看到小孩子在这些电线上花掉那么多的时间，我就不由自主的非常生气，因为我想解放这些可怜的孩子啊。我就要去管人家，说："你就像一滴液体一样挂在电线上！孩子，外面风在吹，阳光正好，或者正在下雪！"

我还记得我自己小的时候，1946年到1950年在德国南部的一座小城市里。我总是在户外，在外面我感受到极其强烈的生命喜悦，在花园里，在河边。房子只是用作遮风挡雨，还有睡觉的场所。当风吹起的时候——我喜欢风——在秋天的树林里，榉树籽纷纷从树上落下来，玫瑰花的果实也渐渐红得透明，我总是完全沉浸在其中。你可以尽情地去闻、去看、去品尝、去触摸。我会坐在一棵树下，静静地听风吹过树叶的沙沙声，看落叶漫天飞舞，低头闻一闻刚刚采来的一个野蘑菇。那个时候还没有电视机——我实在很幸运。否则的话，也许我会在下午坐在电视机前看一个讲解识别有毒和无毒蘑菇的节目，这当然也很有"教育意义"。但是，当我离开那些电线的时候，这些知识会丰富我在草原和森林里的漫游吗？对我来说，母亲的警告"不要吃蘑菇，因为有些蘑菇可以毒死人"已经够了。我不是一个什么都懂的孩子，不具备很多关于不同蘑菇的知识，可是我会在风、阳光、鸟声、落叶、腐叶和朽木发出的霉味、飞跑过的小鹿，还有天空盘旋的雄鹰环抱的天地间，仔仔细细地观察许许多多的蘑菇，并凑上去闻它们的气味。我不是一个成天看录像的儿童，而是一个开放所有感官、尽情发挥自己感受能力的孩子，我能够在这个过程中强烈地感受到幸福，那个时候的我，当然也根本没有去想幸福这个词，更不可能想到去告诉谁。我的童年生活是开放所有感官的生活，这是我后来对这段生活的注释。

我很少收集知识，但有一颗开放的心。生活流淌进我的心田，流过它，又奔涌出去。当年，我没有想拥有收音机、留声机或者电视机。如果生活的经验来自于第一手的阅历，我不需要通过媒体展示的、被人预先处理过的世界图画。我在现实中活动，我看见真实的日落，而不是在电视机的屏幕上，我真正触摸着蘑菇下面密密的细瓣，而不是只在电视屏幕上看到它，不只是抽象的认识。但是我可以理解，那闪光的屏幕对人有多大的诱惑，因为这一切是如此舒适，都是由行家精心筛选出来，并且精心制作后的画面。你可以看见如此多的蘑菇，一个小孩在森林里走一整天也不可能看见这么多蘑菇，而且你不会手脚冰凉，不会全身湿透，不用在雨中往家里猛跑。在电视屏幕上你可以在半小时之内看见五十种蘑菇，同时你舒舒服服地坐在干燥舒适的沙发上。我可以理解人们愿意舒舒服服地坐着看一个探险片，这里面一个小时展示的惊险动作，在实际探险中人得花上半年的时间。但是，当彼得·汉德克非常不解地恳求他的孩子说："你就像一滴液体一样挂在电线上！孩子，外面风在吹，阳光正好，或者正在下雪！"他还是对的。因为我知道在大自然中的孩子有多幸福，通过亲身阅历而产生的对大自然的爱是多美好。我过去不是一个只通过媒体了解世界的儿童，而是一个自然儿童。

也正因为如此，当我在图宾根上大学（1960—1968年）经历我的初恋的时候，我们不是去迪斯科舞厅或者大学生酒吧，而是到草原和森林去；不是去电影院交换我们的初吻，而是在森林的边上；不是在电视房里握住我们俩温暖湿润的手，而是在耐卡河边的草地上；不是去书店里买本爱情诗集，而是爬到一棵核桃树上，坐在树杈上写我自己的诗，不是为了发表，而是因为，一想到她读它时会开心，我自己就很开心。

我还记得有一天下午，我在大学画室里画画。我从来不会像一架照相机似的画画，我的画都是我的灵魂在纸上的流淌。我只要敞开自己的心扉，颜色和各种各样的形状就自然地流淌出来，非常随机随性。我让那些想流淌出来的东西流淌出来，不去按照某种风格做什么修改。傍晚的时候我按约定的时间跟她在河边见面，我们在小山上散上几个小时的步，看夕阳渐渐西下，然后我们爬到一座高高的麦秸堆上，那是晚夏收割后农民做好的、塔状的麦秸堆，我们在那上面做一个窝，在清朗的星空下几个小时地躺在里面，仰望着满天的繁星，沉醉在温柔的抚摸和拥抱中，清凉的晚风环绕着我们，迟归的鸟儿婉转啼鸣，我们身体贴在一起的地方很温暖，这是一种纯粹幸福的感觉。然后起风了，接着下起雨来，我们在麦秸堆上挖了一个洞，钻进去，把麦秸堆到我们身上，我们俩喘着气缠绕在一起，热吻使我们忘记了一切。

1983 年，我在科隆附近的贝尔吉施山区里的一条小溪边散步，我蹲下身来仔细观察一只蚂蚁，写下了这首诗：

一只蚂蚁

这只小蚂蚁，

找到了一条路，

在小溪的流水之中。

在灿烂的阳光下，

在粼粼波光中，

它爬上一根湿乎乎的树枝，

它正被生存，

或是充满活力的死亡，

或者死命疯狂的活力紧紧拥抱。

无视外界的异议，找寻真正的自己

为什么一些人心态健康、感觉幸福，另一些人则在不同程度上患有心理疾病，同时感觉自己是一个不幸的人？针对这个问题丹麦科学家沙诺夫·梅德尼克做了一项研究，他发现一些人在童年时期，在性格的发展阶段，尽管存在外界的阻力，例如家庭不能给予足够的温暖，物质上的缺乏，等等，这些人能够坚持自己，建立强大的自我：

- 物质条件的好坏对他们来说都一样，穷人家的孩子玩自己做的玩具。

- 对于身体上的疼痛或者心理上的负担承受能力强，其他的孩子一般被认为太敏感。

- 身体放松，不会一直紧绷肌肉，这一点可以从他们优美的体态和运动时的姿势上看出来。

- 对人友好，充满信心，很容易结交朋友。

- 善于理解长辈的思维方式，所以能够很好地与长辈
  交流。

- 性格开放，行为主动，这些孩子表现出相当的自
  信心。

- 他们很早就有独立的思想，而不仅仅是鹦鹉学舌，重
  复别人说过的话，他们表现出独立性和创造性。

- 如果他们好似做错了事、说错了话，或者不守规矩，
  他们不会按长辈制定的条条框框改正错误，他们不试
  图去做一个乖孩子。

　　我认为沙诺夫·梅德尼克的研究成果有巨大的意义。
这项研究成果对于儿童教育非常重要，因为它指出了一条
通向健康心灵之路。梅德尼克的研究旨在正面地发现一个
人获得幸福人生的可能性，即使他成长时期的家庭环境不
尽美满。成长过程中的逆境和反抗精神能造就坚强的个性；
相反，一个过于舒适和平的成长环境，即所谓的"被包裹
在棉花团里"，会促使人产生恐惧感，因为这个表面现象的
背后往往是强迫孩子服从规范，或者儿童自己强迫自己服
从规范，即所谓的"乖"、"听话"。

几年前我曾经遇到过一个心理非常健康的人。他告诉我为什么他能够如此心态健康，为什么能够拥有这样强大的自我。以下他的陈述不是来自录音记录，而是由我凭记忆复述他的自我分析：

曼弗雷德.T.，四十二岁，科隆，企业家

"1941年，我出生于德国的一个大城市。我父亲在第三帝国里是一个成功的政府官员，我母亲是家庭主妇，我是他们唯一的孩子。刚开始的时候，我们生活的环境和生活水平都还可以，但那已经是战争时期。夜晚时，因为防御轰炸的原因，窗户全都要蒙黑，日日夜夜、每时每刻我们都要高度紧张地服从纳粹政府的命令。我感觉得到家里充满了混合着希望与恐惧的紧张空气。战争时期永远都是非常时期和恐怖时期，这个经历给我的世界观打下了深刻的烙印：生活没那么简单，没有什么是安全的，没有什么是理所当然的，所以我会为一点点幸运的事儿而感觉很幸福，每一个小小的礼物，都能让我从心底欢呼雀跃。

"但是我没有寻欢作乐的贪欲。那个时候的我，能深切地感受到防空洞里的大人们在飞机轰炸时的恐惧。我们一家很幸运地没有遭到轰炸，但是很多邻居却没能幸免于难。我看到，所有物质上的拥有都是相对的，没有什么是永恒的，没有一栋房子，没有一辆汽车，没有一个玩具，甚至没有一份友谊是永恒的。所有的一切都是上帝的礼物，而我们只是这个世界上的匆匆过客。

"1945年春天，战争结束了。我父亲离开了家，我母亲收拾了一只箱子，带着我逃到乡下。她靠为农民家做针线活养活我和她自己。我们找到一个可以过穷日子并且被当地人容忍的地方安定下来。在我五岁到十岁这个年龄，我经历了真正的一穷二白，在这个世界上，你除了你自己以外不拥有任何其他的东西。我被送去上小学，在学校里我开始学习规矩、纪律这类东西。我觉得老师教学的方式很可笑，从这一刻开始，我失去了所有的做个老实听话孩子的兴趣。谁也不能强迫我遵守什么我不理解的规矩——这一点不是我思考出来的，而是发自我的内心，是肚皮里面的感觉。没有什么是长期不变的，不管是规矩也好，道德观念也好，标准也好，这一切不过是其他人武断地想出来的，跟我本人其实没关系。从这一刻开始，我跟这一切保持距离，我用自己的眼光来看我自己和其他人，我开始真正过自己的生活。

"因为在1945年到1950年的战后时期根本找不到什么玩具，我就自己发明，自己动手做玩具，我有各种各样的梦想，又一个一个去尝试，我所能拥有的做玩具的材料无非是一截木头、一段树枝、石头、雪茄盒子、纸、香烟盒子、颜料、报纸这些东西，但这完全够了。我跟我的小伙伴玩得很投入。我喜欢动物，我就仔细观察它们，并想象自己就是那只动物。有一年我是一只生活在树上的松鼠，我在河边的树上给自己做了一个窝，很幸福地做着一只松鼠。那个时候当然也根本就没有电视。

"五十年代我进了中学，这时我必须面对'德意志教育'了。我下意识地感觉到自己的内心跟教科书上的知识保持距离。没有老师能够管得住我，我一直是一个不听话、大大咧咧的孩子，但同时我开发了自己，渐渐形成自己的思想。我观察那些成年人，用我自己的脑子去想，我发觉自己困惑不解，我很难接受他们，对他们试图灌输给我的教育充满怀疑。

"成人们越来越紧张了，五十年代的经济起飞让他们跟在追求物质利益后面飞奔，根本没有喘息的机会，我对这一切总不能很严肃认真地对待。我嘲笑那些成年人，我还记得自己觉得比那些大人们成熟整十年。

"在中学的最后三年，我开始画画、摄影、写诗、弄音乐。我父母说：'他不知道他想要什么。'他们将我的这些活动评价为没有经济效益的、胡思乱想的、脱离生活的无聊事儿。可是我却觉得自己离生活要比他们近得多。我不能够认同他们的价值观，因此就跟他们谈我的价值观。他们的反应却是如此的不理解、激动甚至暴跳如雷，他们跳起来维护自己的观点。'这个孩子没法融入社会，他能成个什么样的人啊?!'他们往往否定我，但作为父母，他们又非常认真地对待我，对于我的独立精神他们居然也很欣赏。

"中学毕业后我以中等的成绩进了大学。在大学里，我又觉得那些教授和我那些勤奋的同学很可笑。我就是不能太严肃地对待大学的学习和以后的职业生涯，我感觉自己不受这些东西的约束，我一点儿都不悲观，相反，我是个乐天派，整天乐呵呵的。其他人对将来职业的恐惧，对于事业失败的担忧，在我这里找不到一点儿影子，我就是不可能产生恐惧感，因为我没有强迫自己去适应这个社会。

我在内心世界里适应社会得越少，离恐惧感就越远。

"我爱上了一位女同学，很幸运的是她也爱上了我。我很爱她，但是不能接受她对于家庭、婚姻和事业心的观点，我只好很痛苦地跟她分了手，只是为了保持我自己内心的这份自由。她虽然理解我，但无法摆脱她家庭给她制定的条条框框，虽然'纯理论'上她是赞同我的。

"大学毕业后我做了一年雇员，这当然不会好，所以接下来我就独立创业了。我创业的基金很少，但我每年都有进步，慢慢开始赚钱，开始成功，因为我比别人更有创造力，因为我不害怕走别人没走过的路，成功就来得自然而然，因为我没有强迫自己成功，一切顺其自然，一直跟世俗的观念保持距离。

"我从来没有强迫自己去适应什么人、什么集体、什么观念，我感觉总是在对抗主流观念，但是我并不顽固。如果我自己单独去完成什么事情，我从来不觉得孤单。我觉得离自己是这么的近，这给我安全感和自信心，我从来不在自己身体以外去寻找安全感，比如说寻求别人的承认，或者通过物质上的成功来证明我的价值。因为我独立，所以我是一个幸福的人，我欢喜地迎接未来的每一天，我勇敢、自主、自信。面对困难我从来没有感觉被困住难住，我一直想：对我来说没有锁闭的大门。我不断地尝试，一个一个门去敲，总有一天，会有一扇门为我开启，这其实是太自然的事。对于运气的降临，我在思想和能力上已经如此成熟，所以发现到处都是带来运气的事，事业的成功实在不难。"

在听完曼弗雷德的故事以后，我写了下面这首诗：

世纪之问

一个世纪又加上多少日子，

人们总是问自己同样的问题：

为什么我活着？

什么是爱情？

我是谁？

这所有的一切是属于谁的？

人活着的意义到底在哪儿？

你活着呼吸着，

这就是你存在的意义，

你爱着痛苦着，

因为这就是生活。

这所有的一切属于所有的人，

在所有的人里你是孤独的独一无二，

你不属于任何人。

不要在你的身外去寻找什么，

你自己，

就是问题的答案。

强大的心灵世界造就坚强有力的自我，这跟厉害凶悍毫无关系

大多数的人一方面不断强迫自己适应社会和时代的各种标准，永远要求自己做得"对"；另一方面又在为表现自己，迫使其他人接受自己、服从自己而斗争。这个自己试图适应和强迫别人适应的过程使人产生攻击性（焦虑、烦躁、无名之怒火，继而导致厉害凶悍），因为人自身的天性受到压抑，得不到发挥，不满的情绪日积月累，会使人产生一种沉闷的恐惧感，担心错过了自己和自己的一生。在表面上看起来应该帮助人们消除恐惧感的适应过程，恰恰使人产生——不是人们以为应该得到的安全、平稳而宁静的感觉，而是不安、恐惧和攻击性。

攻击性不是像弗洛伊德提出的那样是人的天性，而是

人给自己发出的一个信号，它告诉你，你对自己的生活不满，你担心错过了自己的一生。正因为如此，不是那些老实听话的人是和平没有攻击性的人，而是那些自由自在的自由主义者。一个不受制约的人可以在自己的内心找到安全感，而不是一个老实听话的人。在开放而随机的生活中我们感觉安全，而不是在人造的安全生活中。

过去这段时间，人们总是用不同的方式向我提出相同的问题："从本质上来看，人类是天生有攻击性的动物还是爱好和平的动物？他是否由于他性格上的遗传基因不可改变的就是该诅咒的地球上最危险的动物？或者他是爱好和平的、有能力过和平生活的动物？毁灭和战争是人类的天性吗？或者这只是一个人心理失衡的表现形式？一个心态健康的人是没有攻击性而是有爱的能力吗？或者攻击性这种东西是人类的一个本性？人类的产生因此是地球进化史上的一次错误？"

这个问题的答案——以上诸多的问题其实归根结底是一个唯一的问题——跟内心的沉着冷静和坚强自信有紧密的关系。人类是热爱和平的动物，攻击性并不是在他的基因里编好的程序，他有能力过和平的生活，而不是一定喜欢战争和毁灭。一个心理健康的人是没有攻击性的，相反，他有爱的能力，他是充满爱心的人。如果人保持他健康的天性，他不是进化史上的一次错误。但是，就像大家都可以观察到的一样，在普通的日常生活中就有那么多的怒火想去毁灭、去攻击，人与人之间大多数时候不能充满爱心地和平相处，而是充满斗志、充满以自我为中心的征服欲、充满隐藏或公开的攻击性、充满毁灭的冲动面对自己的同类。在老实规矩的国民背后往往隐藏着犀利的攻击性、疯狂的虐待欲、毁灭欲、恶毒的坏心肠。但是，这恶毒的坏心肠并不是娘胎里带来的东西，他不是生下来就是恶毒的人，不是一定天生就要恶毒地对待其他人，而是在他由童年到青少年，到成年的成熟过程中慢慢恶毒起来的。认识到这一点很重要，因为它告诉我们，面对他人和自己的攻击性我们并不是毫无办法，我们可以做些什么，从根上来扭转这种局面，比如说通过充满关爱的教育方式，让孩子们能够放松和自由地发展。

以下四种性格是相辅相成的：顺从、紧张、恐惧和攻击性。一个人只有往这四种性格的反方向发展，才有可能成为一个自由而有爱心的人：

- 自我实现而不是简单地顺从

- 放松自己代替盲目地顺从

- 自由代替恐惧

- 爱心代替攻击性

只有这样，毁灭、恶毒、斗争、攻击性才不会在人们的心灵中占据空间，也只有这样，然后和平才有可能，而攻击性、虐待欲、毁灭欲才不会发生。

耶稣基督在艾赛尼的和平福音中对他的听众说："在所有的生命里、在你们自己所有的行为里、在你们说的每一句话里去寻找和平的天使。因为，和平是开启所有学问、每一个秘密、每一个生命的金钥匙。"这是基督教对人类发出的最基本的信息：实现爱与和平。

爱与和平是有可能的，每一个人都有这个能力。可惜现实生活往往展示它的反面：丑陋的人类。耶稣的话只是一个理想，一个美好的乌托邦，在现实面前理想只好投降。

一个内心怀有攻击性的人虽然也可以立志做一个和平的人，但是他做不到，和平对他来说永远是一个理想。您肯定也试图安抚过一个怒火中烧的人，一般情况下他会火气发得更大，因为他有表达自己的冲动。我们知道：单单靠自我克制力不会减弱攻击性，顶多不过是压抑住它罢了。当一个愤怒的人公开地、诚实地发泄过他的怒火之后，他会突然觉得很对不起人，他会低声下气、会懊悔、会带着负罪感重新回到顺从的状态。很多人说，这是好的，可恰恰这是错的。每一次攻击性都是人发出的一个信号，一次对难以忍受的顺从不由自主的反抗，所以攻击性从心理学的角度来说原则上都是有正面意义的，而迅速地回到顺从状态是不应该鼓励的。我说：清醒地意识到你的攻击性，不要强迫自己做一个和顺的人。和平是幸福和健康的金钥匙，这没错。但是要真正实现它，我们必须首先清醒地意识到我们的愤怒，因为愤怒不会无缘无故地产生，它一定有它产生的原因。只有明白了这些原因以后，真正的和平才有可能。

许多造成恐惧和攻击性的原因不可能通过意志和理智来消除。一个经常被酒鬼父亲打骂的孩子，不可能通过自己的力量来解放自己。一个经常被丝毫不爱她的丈夫强迫过性生活的女人，不可能通过她自己的力量劝说和改变她丈夫的行为。一个被他妻子和上司不断欺凌的男人，因为有三个孩子，因为经济上的原因，没有办法改变自己的处境，三个孩子是一个事实，而他也不可能从今天到明天就可以换工作。所有向人类呼吁人道、爱心和自我反省的语言往往没有实际意义。相反，谁越多地试图促使他人改变思想、改变行为，只会越多地增加人们的反感。这是因为，对抗引发反动力，结果是情况越变越糟糕。

"在所有的生命里、在你们自己所有的行为里、在你们说的每一句话里去寻找和平的天使"，耶稣说。在这个视角上他的话语有了实际的意义。经历你的愤怒，体会它，释放它，心灵的放松由此成为可能。这愤怒是我的愤怒，这是我本人的攻击性，只有我完全释放以后，才有可能去寻找并且找到和平的天使。我自己必须彻底地释放，这是面对怒火唯一有意义的行为方式。通过抛弃所有外界的影响，我才不会继续受他人制约，不会继续受环境制约，谁也不可能再操纵我，这时候，和平的天使自然会降临，在我说的每一句话里你都会看得到它。

这是人生智慧和生命喜悦的最高层次，自由和爱融汇交流在一起，生命获得了有活力的光芒，在那深深的痛苦中，我们看到了真正的光明，一切抗争都结束了。生活变得更深更远，所有的界限只是在我们身外，而不再限制我们的灵魂。所有感官的门和窗都打开了，生命可以毫无阻碍地自由流淌。

简单地做你自己——一封给老朋友的信

我亲爱的朋友：

还记得 1959 年那个秋天吗？我们俩常常结伴去上学。每次走过那条铺满落叶的小路，我们总是把满地枯黄的树叶踢得沙沙作响。落叶在明媚的阳光下散发出它特别的气味，这气味弥漫在空气中，带给秋天特有的芬芳。你告诉我你对爱维拉的第一感觉，还说起你对未来职场上冷酷竞争的担忧。我跟你讲起我晚上在阁楼间里写的诗，你没有嘲笑我，而是认真地、不受任何干扰地倾听，对此我直到现在都很感激，虽然从未对你说过。

你是那么有勇气，对未来充满信心，你是那么乐观而有活力，这一切曾经感染我，给我力量。我可以和你一起毫无顾忌地放声大笑，我们的笑声在森林中回响，那份年轻的狂热啊，我可以在你面前舞蹈、跳跃、拥抱大树，我因此是这样地感谢你，这也是一种爱，虽然我没用爱这个字眼儿，甚至也没想到爱这个字眼儿。后来，我们中学毕业，进入高等教育阶段，之后是不同的工作、不同的人生道路，我们都结过婚，今天又都离了婚。

几个星期前你来看我，我们在一起谈你、谈我、谈我们活着的意义，一直谈到早上四点钟。你不再能无忧无虑地大笑，对我的诗也不再有感觉，对此我有点儿难过——虽然我知道，你到我这儿来，是想在这里放下你的心理负担。你告诉我你生活中的冲突和危机，你的恋人在性生活上欺骗你，你对此不能，也不愿理解。你想知道，为什么她不能像你爱她那样地爱你。你一点儿也不放松，正相反，你紧张，你忿忿不平，你激动、慌张。你要我解释，人活着的意义到底在哪里？为什么所有的事都这么难？为什么爱情可以如此被轻视？为什么随着年月的增长性生活会失去它的刺激？你想知道怎样才能走出苦思冥想的怪圈，想知道对于别人的挖苦嘲讽到底应该怎样回应。诸如此类的问题折磨着你，你变得如此不自信，心理上完全封闭起来，你被锁在你自己的监牢里，苦闷之极。你变了，你的眼神失去了光彩，你的笑容相当勉强，你的赞扬只是礼节性的。

我很感谢你在这么多年后还能如此相信我，能在这种状态下如此真诚地向我倾诉。"我到底做错了什么？"这个问题你提了又提。你没有做错什么，可是你不能满足于我的这个回答。今天我读了曼弗雷德·豪斯曼的一句话："在看不见路的地方，便是一条崭新道路的起点。"你的人生走到了一个地方，这里再也看不到前人竖好的路标。你已经跨越了许多的界限，你画的画没有人愿意展览，你作的曲没有人愿意演奏，你爱的女人她不需要你的爱，你想谈的话题没有人愿意跟你谈，你想抛开所有一切别人都附着的价值观，你寻找一位没人认识的上帝，你渴望一种没人说过的性生活，你看到别人都没注意到的、树叶上的露珠，你有这么多被人嘲笑为"理想"和"乌托邦"的想法。

你已经走了很远，我的朋友，但不是像你自我怀疑的那样"太远了"。这是对的，远远地走到彩虹升起的地方，走到所有道路都结束的地方，走到不再有路标的地方。现在你终于达到了一个目的地，从这里你将开始新的人生旅程，我为你高兴，想到你我会觉得幸福，我为认识你、知道你来到了这个起点而骄傲。

现在你的生命翻开了新的一页，你来到了一片未知的土地，你走在自己的小路上。我向你呼喊：简简单单地做你自己，不要管别人说对还是错，走入那没有路标的山水之间，用你自己的眼睛，我的朋友，这是世界上最重要的眼睛，没有任何其他人拿得走你用这双眼睛看到的东西，没有任何其他人可以代替你看、代替你嗅或代替你品尝。也许有人可以指点你一下，但现在这也没什么太大用处了，反正你不是一个模仿者，不是一条跟着鱼群随大流游来游去的小鱼，你是你自己，一个宇宙中独一无二的生物，正因为如此，你也只能走在自己独一无二的、丝毫不雷同于他人的道路上。

只是简单地做你自己，不添加任何其他配料，不要去管那些我们年轻时代的偶像，把这些人放在一边，不要跟他们比什么高低，把他们放到书架上，客观地观察他们，他们已经被时代超越了，咱又可以像过去那样跟他们一起舞蹈、一起拥抱大树。在那没有路径的荒山野岭之中，正是你人生道路崭新的开端。你终于到达了这个起点，我为你高兴。千万不要回头，不要看我，不要看你父母，也别瞟着你的前妻。每个人都过着自己的日子，没有人可以为别人过日子，这个其实你很清楚。向前走吧，我的朋友，你已经将所有往事都抛在了身后，现在将要来临的每一份爱都是崭新的、美妙的，每一个思想都是你自己的思想，每一份感觉都是真实而自由的。你到达了一个地方，在这里你可以过自己的生活，可以简单地做你自己。我很高兴我能在这里重新遇上你，在一个你的独立性如此清晰可见的地方，在一个你绝不雷同于我，也不同于任何其他人的地方。

不要逃回那表面上给人安全感的顺从习性里。让风儿托起你的灵魂，让你的心随风飞翔。我将带着爱、带着喜悦注视着你的飞翔。做你自己，你所做的事儿都是对的。当你做自己的时候，你根本不可能做错什么，因为你是那么的有创造力，因为你在长长的生长期以后终于迎来了开花的季节。在你生命的花朵快要绽放的时候，你感觉到了"产前的阵痛"。这朵美丽的鲜花也会害怕被风雨摧残，但是，毕竟有一天，在一个曛暖的艳阳天里，它开了，它那独一无二、鲜嫩欲滴、轻柔无比的花瓣在阳光下散发出最华丽的光彩。我在这里等待着你生命的花朵盛开的时候，等待着它散发出沁人心脾的幽香。你一定很惊讶吧？你的生命到了开花的季节，而且一个人的花季并不受植物生长周期的限制，你可以在今后的几十年里每日重新开放，因为你的花蕾每时每刻都在生长。但是永远不要回头，不要去看那已经过去的生长期，让你生命的活力就在眼下奔流泉涌，抛开所有的往事，你会感到轻松和自由、会感到开放和解脱，你会感到你生命的能量在流淌、在灌注，它来得无穷无尽，每时每刻充满了喜悦，从一个开端到另一个开端。

像一只猫一样

昨天，我陷在壁炉前柔软的沙发里，在一片温暖舒适的气氛中，写下了这首诗，它描写一只在农庄里生活的猫。

那只猫

你在呼唤谁？

你知道是谁在那里呼吸？

这眼睛就是渴望？

这耳朵就是旋律？

问题并不去寻找答案，

在麦草堆里睡着一只猫咪，

它不知道什么是祈盼。

它没有往昔，

它呼吸着森林，

它嗅出了夏日，

它啃着木头的缝隙。

它跳过计划，

它飞过深谷，

它飞跃沟渠，

窜入落叶中，

然后跑进房间，

身后一条尾巴高高竖起。

"你在呼唤谁？"问问你自己这个问题，你将更多地了解自己。让自己随意地去思考、去感受、去渴望。此时此刻你在呼唤谁？为什么？"这眼睛就是渴望？这耳朵就是旋律？"眼睛不是渴望，渴望来自大脑，来自思想、计划和欲望。眼睛看见的是天空、草地、树木和其他的人、美和丑，但是看不见贪婪和占有欲。耳朵不是旋律，这个像一只贝壳一样的听觉器官只是收受各种声音，精神世界才是造成渴望、期盼、旋律、生活哲学、宗教和找寻人生意义的根源。只做眼睛和耳朵，忘记渴望，别去寻觅什么熟悉的东西，这才是真正的开放感官——让你的感官敏锐起来，只有这样，你才可能真正地去爱你周围的人和物。

木块在壁炉里噼啪作响，火苗蹿了上来。火焰在壁炉里瞬息变化，很容易引得人遐想连篇——一会儿是个人影，一会儿是什么虚幻的东西，再一会儿又是暗示着什么特别的意义。我现在却要将所有的恐惧、理想、期待、教条、渴望和评价扔进火堆里。

"问题并不去寻找答案，在麦草堆里睡着一只猫咪。"美妙的宁静气氛蔓延开来。每一个人都可以在自己身上观察到这个现象：酣睡的动物或者孩子带给人一种特别强烈的温柔和安宁。那只猫的过去逃得无影无踪，过去的已经过去了，"死"了，"作废"了，睡一觉以后它的生命又从纯粹的眼前和当下重新开始。"它呼吸着森林"——就这么简单，它不需要更多的东西就是一只幸福的猫，呼吸着森林，以及所有属于它的东西：芳香、凉爽、雪松的沙沙声、小溪叮咚的流水声。

这只猫"嗅出了夏日，它啃着木头的缝隙"，它的全部身心都在感受夏天，它将自己投入夏天的怀抱，它"啃"

着森林的声音，它让所有的感官融汇交流在一起。这就是感觉敏锐，在这个状态下，才会产生爱——一个美妙的、完全开放的、准备接受一切的状态。这时，好似整个世界都可以流入你的灵魂，在这个敏锐的接受状态下，我们的灵魂会变得如此的富有：爱流淌进来，又毫无意识、毫不强迫地流淌出去。"我感受到爱，这根本就不是什么特别的，这根本很自然"，一个施瓦本山区里的牧羊人对我说。这是很"自然"的，如果一个人如此开放而敏锐地接受爱的话。爱只是流过我们的思想和灵魂，又以另一种方式从我们身上流淌出来。

这只猫"跳过计划"，它跳过去，它根本不理会计划，计划对于它没有意义。它不受任何目标、准则和系统的约束，"它飞过深谷"又"飞跃沟渠"，它超越了重力的范围，它已经从肉体中解脱出来，因为，虽然原则上说灵魂和感觉依附于肉体，但是它也可以是自由的，它可以从肉体中解脱出来，而将肉体留在原地。所有给人启迪的哲学家和艺术家都有灵魂离开肉体的经历。肉体只是一个中介、一个传声筒，人们对外界的感受通过它流入体内，引起内心世界的共振，又通过它将自己的内心表达出来。这感受带来舞蹈般的振动，它带来的启迪越过所有的计划，飞过峡谷，呼吸着森林，甚至可以去拥抱魔鬼。猫是很给人启发的动物，它从不刻意做什么，它只是做自己。这个幸福的"存在"状态不是永恒的，因为没有什么是静止的，没有东西是永恒的，所有一切都在变化，不论白天还是黑夜，睡眠或者清醒，创造或者歇息。

这只猫"窜入落叶中"，它又从深谷、森林、夏日的草原上回来了，它"跑进房间，身后一条尾巴高高竖起。"它说："我回来啦！刚才好美啊！我好开心啊！现在嘛，我要在这儿呆上几个小时。"它奇怪地望着主人问："你在叫谁?"

你不必呼唤什么，一切都如此的丰富。你不必去寻觅，答案自然涌入你的心灵，安心地去麦草堆里睡一个好觉，呼吸着森林的气息，闻一闻夏天的气味，飞跃过峡谷，感受一下风吹过手背的凉爽。

我随手画的云彩

本书的钢笔绘画插图，是我在完成本书的过程中随手画下的。我之所以挑选它们作为本书的插图，是因为云彩非常能够表现一种温柔的、随意的、瞬息即逝的泰然自若状态。它们随风飘过天空，飘过山山水水，蓬松、轻柔，不断地变换着形状。古往今来，人们赋予它各种各样的意义：一张人的脸、几个小矮人、战争、笑容、爱、威胁、希望和欢乐——云本身才不管这些，它继续飘着，向地平线飘去。它飘过大山、飘过海洋，有时它很浓、很厚——下雨了。落下来的雨水又被蒸发，生成新的云雾，在阳光的照耀下，这云雾渐渐稀薄，它碰着另一朵云，又渐渐浓厚起来，接下来又是一场好雨。云彩从来不苦思冥想，它形成、消失，又重新形成。

一首代替结束语的小诗

积雪咔咔作响，
正午的阳光照暖了脚印，
我已经不在这儿了，
早就融化了，
当你寻找我的时候。

明天我还会回来，
不会留下痕迹，
像光线一般温柔，
在白雪皑皑的松林之间，
像田野里的麦穗一般安静，
没有压力，
像池塘里漂浮的莲叶。

联系方式

作者网页：http://www.peterlauster.de/

译者邮箱：qiushi.ru@foxmail.com

作者和译者欢迎所有建设性的批评和建议，欢迎各类读者来信，我们将倾听您的个人经历，尽力回答读者提出的各类问题。

图书在版编目(CIP)数据

不把握　才拥有:沉着冷静之道/(德)彼得·劳
斯特(Peter Lauster)著;茹秋实译.—上海:上海
人民出版社,2018
ISBN 978 - 7 - 208 - 14849 - 9

Ⅰ.①不…　Ⅱ.①彼…　②茹…　Ⅲ.①人生哲学-通
俗读物　Ⅳ.①B821 - 49

中国版本图书馆 CIP 数据核字(2017)第 260076 号

责任编辑　沈骁驰
封面设计　张志全工作室

不把握　才拥有
——沉着冷静之道

[德]彼得·劳斯特　著

茹秋实　译

出　　版　上海人民出版社
　　　　　(200001　上海福建中路 193 号)
发　　行　上海人民出版社发行中心
印　　刷　常熟市新骅印刷有限公司
开　　本　787×1092　1/32
印　　张　9.25
插　　页　5
字　　数　134,000
版　　次　2018 年 3 月第 1 版
印　　次　2018 年 3 月第 1 次印刷
ISBN 978 - 7 - 208 - 14849 - 9/B · 1299
定　　价　45.00 元